JN226843

グラフ理論入門
原書第4版

R.J.ウィルソン 著
西関隆夫・西関裕子 共訳

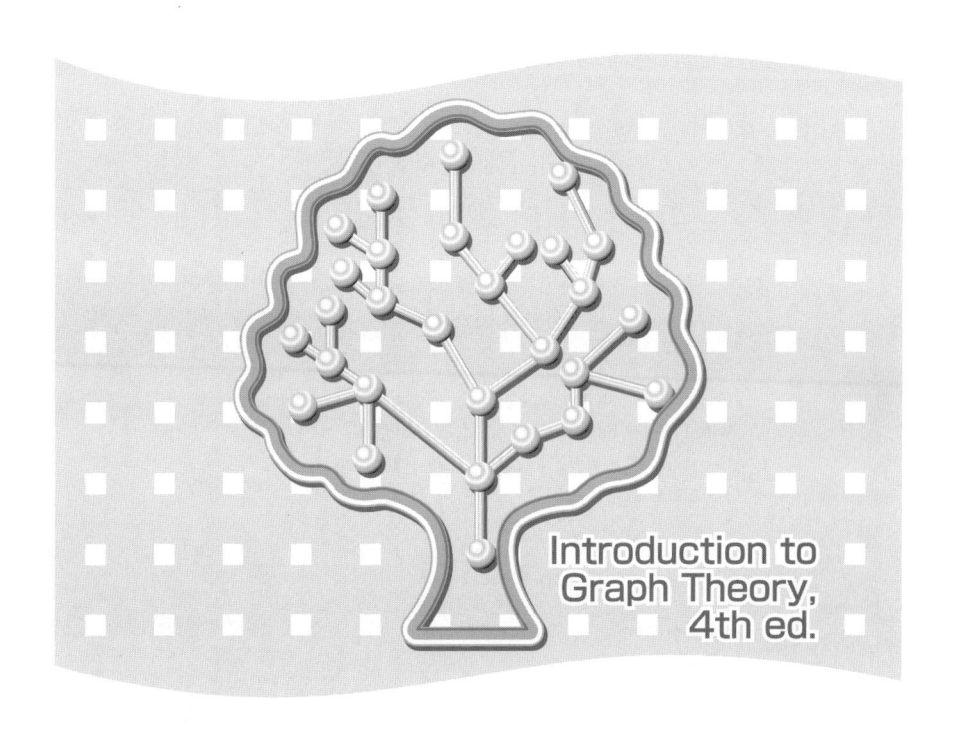

Introduction to
Graph Theory,
4th ed.

近代科学社

Introduction to Graph Theory

4th edition

by

Robin J. Wilson

Original English language edition published by arrangement with Pearson Education Limited, England.
Copyright © R. J. Wilson, 1972, 1979, 1985, 1996.
All Rights Reserved.

- 本書の複製権・翻訳権・譲渡権は株式会社近代科学社が保有します。
- JCOPY 〈(社)出版者著作権管理機構 委託出版物〉
  本書の無断複写は著作権法上での例外を除き禁じられています。複写される場合は、そのつど事前に(社)出版者著作権管理機構(https://www.jcopy.or.jp、e-mail: info@jcopy.or.jp)の許諾を得てください。

原著者序文

　ここ数年の間に，グラフ理論はORや言語学から化学や遺伝学，また電気工学や地理学から社会学や建築学に至るまでの広い分野において，数学的道具としての立場を確立してきた．それにもましてグラフ理論自体が数学的に価値のある1つの分野であることが明白になった．グラフ理論に関する入門書で，あまり値がはらず，しかもグラフ理論を専攻する数学者のみならず，手っ取り早く勉強したいと思っている数学以外の方にも向いている本が望まれていた．本書がいくらかこの期待に応えられるものと期待している．予備知識として必要なのは，初等的な集合論と基礎的な行列論の知識だけである．ただし，やや難しい演習問題では抽象代数学の知識も必要である．

　内容は便宜上4つの部分に分けることができる．第1の部分(1章～4章)は初めの4つの章から成り立つ基礎コースであり，定義，グラフの例，連結性，オイラー道や閉路，ハミルトン道や閉路および木などのトピックスが含まれている．これらに続くのは平面性と彩色に関する2つの章(5章と6章)で，特に4色問題に関連した事項を扱う．第3の部分(7章と8章)では有向グラフの理論，横断理論，およびこれらの応用として，臨界道分析やマルコフ連鎖，ネットワークフローについて扱う．最後はマトロイド理論に関する章(9章)で，それ以前の章と関連づけて説明し，最近の進歩も紹介してある．

　この本では全体を通して基本的な事項だけ扱うようにして，あまり重要でない事項については演習問題の中で述べるようにした．その結果およそ250もの演習問題が載せてある．そのうちのいくつかは本文の理解を試すようにつくられているが，残りの多くは読者を新しい結果やアイディアに導くようにつくられている．あらゆる演習問題を詳細に検討するよりも，演習問題のすべてを読み通し，それに慣れ親しむことを勧める．難問には星印($*$)をつけてある．

　記号□は証明の終わりを示し，定義にはすべて太字を用いた．なお，集合Sの元数は$|S|$で表わし，空集合は$\emptyset$で表わす．

　この第4版ではかなりの訂正をした．本書は全体を通して書き直され，用語も現在通用しているものにかえた．さらに，演習問題の一部には解答を与え，解答つき問題には問題番号の上にsの印をつけてある．この改訂は数多くの人々

の批判に応えたものである．この機会に有用な御注意をいただいた方々に感謝する．

　最後に次の方々に謝意を表わす．まず，前に私の学生だった人達です．しかし彼らがいなければこの本はもう1年早く出来上がっていたかもしれない．次にWilliam Shakespeareやその他の人達であり，彼らの適切なしかもウィットに富んだコメントを各章の最初に載せた．(訳注：この訳では省略した．) そして最後になるが，私の妻Joyに感謝する．もっとも，グラフ理論にはまったく関係のないことによってであるが．

R. J. W.
1995年5月
オープン大学

日本語版への序文

　グラフ理論は急速に拡大している分野であり，本書「グラフ理論入門」はその手頃な入門書である．原著第3版とその日本語版は1985年に同時出版され，そのときに日本語版への序文を初めて書いた．グラフ理論は計算機科学と密接な関連があり，大学のカリキュラムできわめて重要な科目になってきた．そのため本書への需要が大きく，第4版が出版され，8ヶ国語に翻訳された．今回その第4版が日本語へ翻訳されることになったのは，原著者として望外の喜びである．魅力があり益々重要になってきたグラフ理論を本訳書により学ばれることを期待します．

2000 年 4 月 12 日
R. J. ウィルソン

訳者まえがき

本書は R. J. ウィルソン著 *Introduction to Graph Theory, Fourth ed.* の全訳である．1972年に初版，1979年に第2版，1985年に第3版，そしてこの第4版は1995年に出版された．1982年に原著者が仙台を来訪された折に彼自身がこの翻訳を熱心に提案されたことが始まりである．

グラフ理論の本は既にたくさんあるが，数多くのこまごまとした定理を入れて長大な本になっていることが多く，手頃な入門書は少なかった．本書はグラフ理論に関するきわめてわかりやすい入門書である．アメリカ数学連合からすぐれた解説著者に贈られる Lester Ford 賞をウィルソン氏が受賞していることからもわかるように，この原著第1版も十分読みやすく書かれていたが，さらに三度にわたる改訂でなお一層推敲されている．

数学の予備知識を何も必要とせずに簡明に書かれているので，大学1年生でも読み進むことができよう．著者自身の話では「この分野とは専門が異なる数学者が一晩で本書を読み通し，翌朝グラフ理論の本質がよくわかったと話してくれた」そうであるが，これはあながち誇張でもなさそうである．

グラフ理論のかなりの部分はマトロイドに一般化でき，マトロイド理論として扱うほうが証明が簡明化されることが多い．マトロイド理論についての1つの章を設けて，これまた手頃なわかりやすい入門を与えている．これも他の類書には見られない著者の賢明な決断であろう．

この翻訳を提案し，未出版原稿を送ってくれるなど全面的に賛助いただいた原著者 R. J. ウィルソン博士，ならびに出版にあたり校正などでお世話いただいた近代科学社の福澤富仁氏に心から感謝する．

西関　隆夫
西関　裕子

仙台にて
2001年9月

目 次

第1章 入 門　　1
　§1　グラフとは何か 1

第2章 定義と例　　10
　§2　定　義 10
　§3　例 21
　§4　3つのパズル 28

第3章 道と閉路　　35
　§5　連結性 35
　§6　オイラー・グラフ 42
　§7　ハミルトン・グラフ 48
　§8　アルゴリズム 52

第4章 木　　60
　§9　木の性質 60
　§10　木の数え上げ 66
　§11　応用の追加 72

第5章 平面性　　83
　§12　平面的グラフ 83
　§13　オイラーの公式 90
　§14　他の種類の曲面上のグラフ 98
　§15　双対グラフ 102

§16 無限グラフ 109

第6章 グラフの彩色　　115

§17 点彩色 115
§18 Brooks の定理 123
§19 地図の彩色 125
§20 辺彩色 132
§21 彩色多項式 137

第7章 有向グラフ　　143

§22 定　義 143
§23 オイラー有向グラフとトーナメント 150
§24 マルコフ連鎖 156

第8章 マッチング，結婚，Menger の定理　　162

§25 Hall の「結婚」定理 162
§26 横断理論 167
§27 Hall の定理の応用 172
§28 Menger の定理 177
§29 ネットワークフロー 183

第9章 マトロイド理論　　191

§30 マトロイドへのいざない 191
§31 マトロイドの例 196
§32 マトロイドとグラフ 202
§33 マトロイドと横断 209

演習問題の略解　　215

付　　録　　242
文　　献　　244
記号一覧　　247
索　　引　　249

第1章　入　門

　この入門の章では，2章以降でより正確に述べられる事項について直感的な背景を与えよう．本章で太字で書いた項目は，定義というよりは説明と考えてほしい．とりあえずこれらの用語に慣れておけば，後でそれらをもう一度読んだときに少しは親近感がもてると思う．この章をすばやく読んで，すべて忘れてしまうことをおすすめする．

§1　グラフとは何か

　まず図1.1と図1.2を見よう．図1.1には道路地図の一部が，図1.2には電気回路の一部が描かれている．明らかに，どちらも図1.3のような点と線を用いた図によって表現できる．点 P, Q, R, S, T は**点** (vertex) と呼ばれ，線は**辺** (edge) と呼ばれる．図全体は**グラフ** (graph) と呼ばれる．線 PS と QT の交点はグラフの点ではない．というのは，それは2つの導線の接続点や道路の交差点に対応していないからである．点の**次数** (degree) とはその点を端点とする辺の本数であり，図1.1では交差点に入る道路の本数である．よって点 Q の次数は4である．

図 1.1　　　　　図 1.2

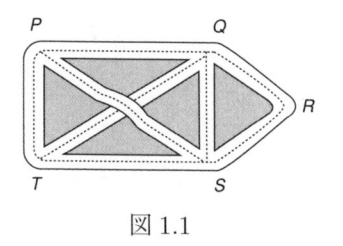

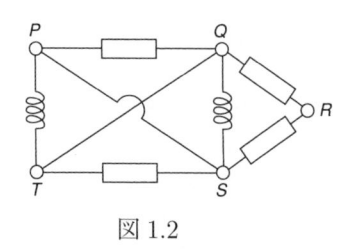

2　第1章　入門

　図1.3のグラフで，もっと別な状況を表わすこともできる．例えば，P, Q, R, S, T がフットボールのチームを表わしている場合には，1つの辺の両端点にあたるチームの間で試合があることになる．よって，図1.3では P は Q, S, T と対戦するが，R とはしない．この場合，点の次数はそのチームが行なう試合数である．

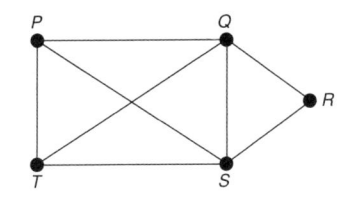

図 1.3

　上の状況は，図1.4 に与えられたグラフでも表現できる．図1.4 では線 PS と QT の「交差」を取り除くために，線 PS を長方形 $PQST$ の外側に描いた．このグラフにも，どの交差点を結ぶ道路があるのか，電気回路をどう配線したらよいか，そしてどのフットボールチームがどこと試合をするのかという情報はそのまま残っている．道路の長さや配線の直線性などの「距離的」性質に関する情報だけが失われる．

　したがって，グラフとは点の集合とそれらの結び方の表現であり，距離的な性質とは無関係である．この観点からは図1.3と図1.4に示したような同じ状況を表わしているグラフはどれも同じグラフと見なされる．

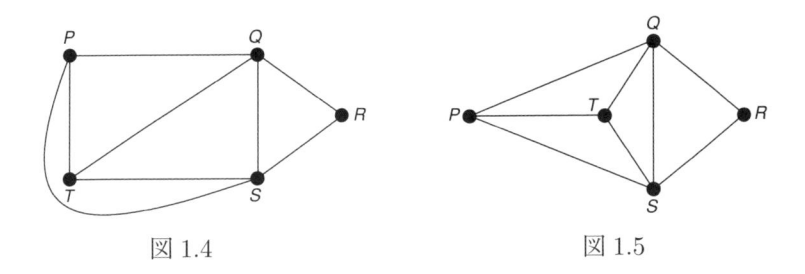

図 1.4　　　　　　　　図 1.5

　より一般的には，片方のグラフで2つの点が結ばれるのは，他方のグラフの対応している2点が結ばれるときで，かつそのときに限るという性質があると

き，その 2 つのグラフは同じであるという．図 1.3 や図 1.4 のグラフと同じグラフを図 1.5 に示す．このグラフでは空間や距離の考えはなくなっているが，一見すればどの点が導線や道路で結ばれているか直ぐにわかる．

今までに示したグラフでは 2 点間に 1 本の辺しかなかった．次に，図 1.5 の Q と S および S と T を結ぶ道路の交通量が多すぎると仮定しよう．これらの点を結ぶ別な道路をつくれば混雑は緩和される．その結果，図 1.6 のようになる．Q と S を結ぶ 2 本の道路および S と T を結ぶ 3 本の道路は**多重辺** (multiple edges) と呼ばれる．さらに P に駐車場をつくりたいならば，そのグラフに P を出て P 自身へ戻る辺を描けばよい．その辺は**ループ** (loop) と呼ばれる (図 1.7 を見よ)．本書ではグラフにはループや多重辺が含まれるとする．図 1.5 のグラフのようにループや多重辺を含まないグラフは**単純グラフ** (simple graph) と呼ぶことにする．

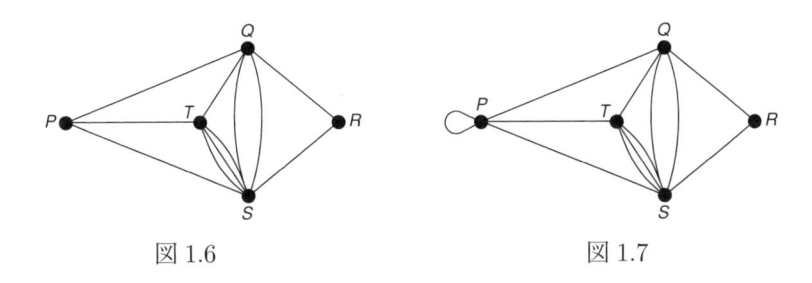

図 1.6　　　　　　　　　　図 1.7

有向グラフ (directed graph, digraph と略されることが多い) は，「すべての道路が一方通行ならばどうなるか」という問題から発生する．有向グラフの一例を図 1.8 に与える．図には一方通行の向きが矢印で示されている．(この例では T でひどい混雑が起こるだろうが，このような状況も考えないといけない．) 有向グラフについてのより詳細な議論は 7 章でする．

グラフ理論には，各種の歩道 (ウォーク) に関した理論が多い．**歩道** (walk) とは「ある点から別の点への行き方」であり，本質的には連結した辺の列である．例えば図 1.5 の $P \to Q \to R$ は長さ 2 の歩道であり，$P \to S \to Q \to T \to S \to R$ は長さ 5 の歩道である．どの点も高々一度しか現われない歩道は**道** (path) と呼ばれる．例えば $P \to T \to S \to R$ は道である．$Q \to S \to T \to Q$ の形をした道を**閉路** (cycle) と呼ぶ．

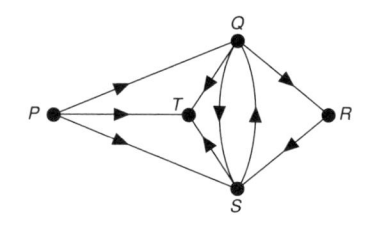

図 1.8

3 章では，主として特別な性質をもった歩道について調べる．例えば，すべての辺あるいはすべての点をちょうど 1 回ずつ通って出発点に戻る歩道を含むようなグラフについて議論する．このようなグラフはそれぞれ**オイラー・グラフ** (Eulerian graph)，**ハミルトン・グラフ** (Hamiltonian graph) と呼ばれる．例えば図 1.3～1.5 は (歩道 $P \to Q \to R \to S \to T \to P$ がつくれるので)，ハミルトン・グラフであるがオイラー・グラフではない．というのは，すべての辺をちょうど一度だけ含む歩道 (例えば $P \to Q \to R \to S \to T \to P \to S \to Q \to T$) はどれも出発点と異なる点で終わってしまうからである．

グラフには 2 つ以上のかたまりにわかれているものがある．例えば，ロンドンの地下鉄とニューヨークの地下鉄の各駅を点と考えて，それらを結ぶ線路が辺であるようなグラフを考えればわかるだろう．そのグラフの辺を通って (ロンドンの) トラファルガー広場から (ニューヨークの) グランド中央駅へ行くことは不可能である．一方，ロンドンの地下鉄の駅と線路だけに注目すれば，ロンドンの任意の駅からロンドンの他のいかなる駅にも行くことが可能である．グラフがひとかたまりであり，どの 2 つの点も道で結ばれているようなグラフは**連結グラフ** (connected graph) と呼ばれ，2 つ以上のかたまりからなるグラフは**非連結グラフ** (disconnected graph) と呼ばれる (図 1.9 を見よ)．

どの 2 点の間にも道が 1 本しかないような連結グラフも興味深い．木状の家系図を一般化して，このようなグラフは**木** (tree) と呼ばれ，4 章で扱う．木は閉路のない連結グラフとして定義できることがわかろう (図 1.10)．

図 1.3 を議論したときに，図 1.4 と図 1.5 のように交差のないグラフに描き直せることを指摘した．このように交差がないように描き直せるグラフは**平面的グラフ** (planar graph) と呼ばれる．5 章では平面性の判定条件をいくつか与え

図 1.9   図 1.10

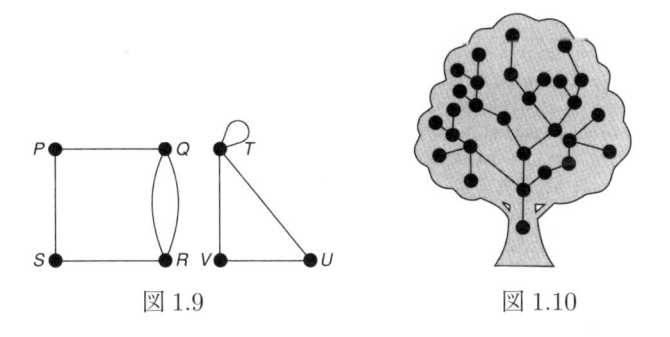

る．そのうちの 1 つは平面的グラフの部分グラフの性質に関係し，また別なもう 1 つ条件は双対性の基本的な概念に関連している．

平面的グラフは彩色問題でも重要な役割を果たす．「道路地図」のグラフに戻って，シェル，エッソ，BP(英国石油)，ガルフの 4 つの石油会社が 5 つのガソリンスタンドをつくろうとしていると仮定しよう．さらに経済的な理由により，同じ会社は隣合った交差点にスタンドをつくりたくないとしよう．このとき 1 つの解は，シェルが P につくり，エッソが Q につくり，BP が S にガルフが T につくり，シェルとガルフのどちらかが R につくることである (図 1.11 を見よ)．しかしガルフが協定を破れば，上に述べたように他の 3 社がスタンドをつくることは明らかに不可能である．

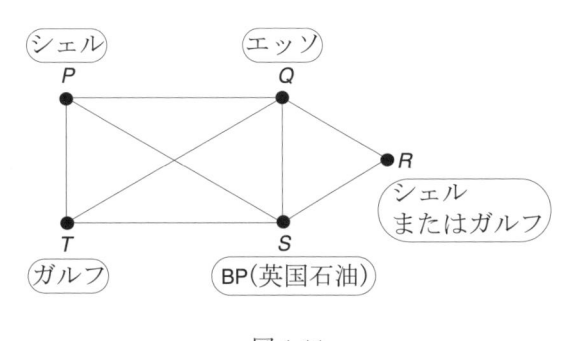

図 1.11

この問題は 6 章で議論される．つまり，単純グラフの点を与えられた色数を用いて彩色し，どの辺の端点も異なる色になるようにできるかという問題を調

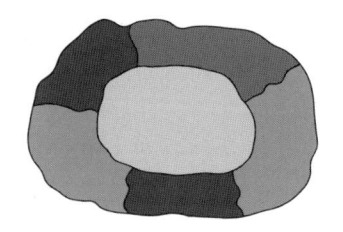

図 1.12

べる．平面的グラフの場合には，上述のように 4 色で点を彩色することが常に可能である．これが有名な **4 色定理** (four-colour theorem) である．この定理は次の形で知られているだろう．地図上の国を，同じ色の国は隣合わないように 4 色で色分けすることがいつでも可能である (図 1.12 を見よ)．

8 章では有名な**結婚問題** (marriage problem) を調べる．何人かの女性がそれぞれ何人かの男性と知り合っているとき，どの女性も知り合いの男性と結婚できるように組み合わせるには，どんな条件が必要かというのが結婚問題である．この問題は「横断理論」によって表現できる．これと関係がある問題として，グラフあるいは有向グラフにおいて与えられた 2 点を結ぶ素な道を求めるというものがある．

8 章の最後では，ネットワークフローと輸送問題について議論する．例えば，図 1.13 は輸送ネットワークを表わしているとしよう．P は工場を，R は市場を，グラフの辺は商品が送られるルートを表わしている．各ルートには容量が与えられ，辺上に示した数字はそのルートを通過できる最大容量を表わす．このとき問題になるのは，工場から市場まで最大でどれだけ送れるかということである．

マトロイドの理論に関する章でこの本を終わりにする．この章の目的は，それ以前の内容を相互に関連づけることであるが，一方では最大限に「賢明であれ — 一般化せよ」の声に応えるためのものでもある．マトロイド理論は「独立構造」が定義される集合についての研究であり，ベクトル空間における一次独立性の問題ばかりでなく，前述したグラフ理論と横断理論で得られるいくつかの結果をも一般化している．しかし，マトロイド理論は一般化のための一般化の理論とは全く違う．それどころか，マトロイド理論は，いくつかのグラフ

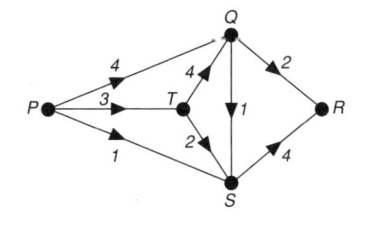

図 1.13

問題にも深い洞察を与えてくれるし，伝統的な手法では証明がやっかいな横断理論の結果に対しても簡単な証明を与えてくれる．マトロイド理論は近年の組合せ理論の進歩に重要な役割を果たしている．

以上によって，次章以下がどのように区切られ，どこに何が書いてあるかが理解してもらえたと思う．これからは，いよいよ厳密な議論に入ることになる．

演 習 1

1.1^s　点の個数，辺の本数，各点の次数を書け．
　　　(i) 図 1.3 のグラフ
　　　(ii) 図 1.14 のグラフ

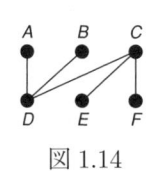

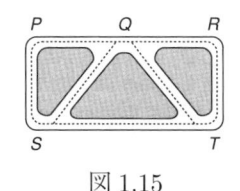

図 1.14　　　　図 1.15

1.2　図 1.15 の道路網を表わすグラフを描き，その点数，辺数，各点の次数を書け．

1.3^s　図 1.16 はメタン (CH_4) とプロパン (C_3H_8) の分子を表わしている．
　　　(i) これらの図をグラフと見なしたとき，炭素原子 (C) や水素原子 (H) を表わしている点について何がわかるか．

8　第 1 章　入 門

(ii) 化学分子式 C_4H_{10} をもつ 2 つの異なった分子がある．これらの分子に対応するグラフを描け．

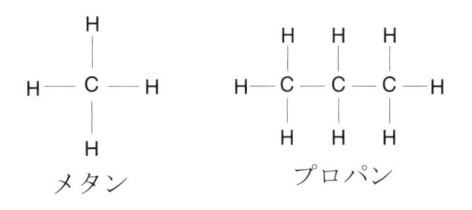

図 1.16

1.4　　図 1.17 にある家系図に対するグラフを描け．

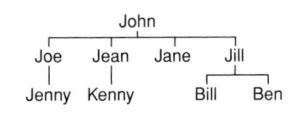

図 1.17

1.5*　　図 1.18 のハンプトン・コートの迷路をたどるとき，進むことができるいろいろなルートを表すグラフを，点 $A, \cdots, M$ を使って描け．

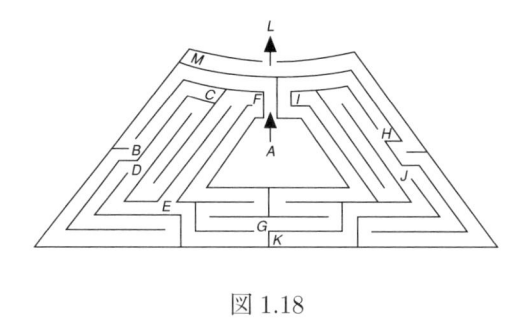

図 1.18

1.6^s　　John は Joan と Jean と Jane が好きで，Joe は Jane と Joan が好きで，

JeanとJoanは互いに好きである．John, Joan, Jean, JaneとJoeの間のこれらの関係を説明する有向グラフを描け．

1.7　ヘビはカエルを食べ，トリはクモを食べる．トリとクモはどちらも虫を食べる．カエルはカタツムリ，クモおよび虫を食べる．この捕食行動を表わす有向グラフを描け．

第2章　定義と例

　この章では，グラフ理論をきちんと学ぶための基礎を与える．§2では1章で述べた定義のいくつかを厳密に述べ，§3では各種の例を与える．§4では3つの数学パズルを，グラフを使って表現し解いてみる．グラフ理論の典型的な応用のいくつかは，もっと多くの記述法を説明してから (§8,§11で) 述べることにする．

§2　定　義

　単純グラフ (simple graph) G は $V(G)$ と $E(G)$ からなる．ここで $V(G)$ は非空な有限集合であり，その元は**点** (vertex) または**節点** (node) と呼ばれる．$E(G)$ は**辺** (edge) と呼ばれる元からなる有限集合であり，辺は $V(G)$ の異なる2点の非順序対である．$V(G)$ は G の**点集合** (vertex set)，$E(G)$ は G の**辺集合** (edge set) と呼ばれる．辺 $\{v,w\}$ は点 v と w を**結ぶ** (join) といい，普通 vw と略記される．例えば，図2.1は単純グラフ G を表わす．G の点集合 $V(G)$ は $\{u,v,w,z\}$ であり，辺集合 $E(G)$ は辺 uv, uw, vw と wz からなっている．

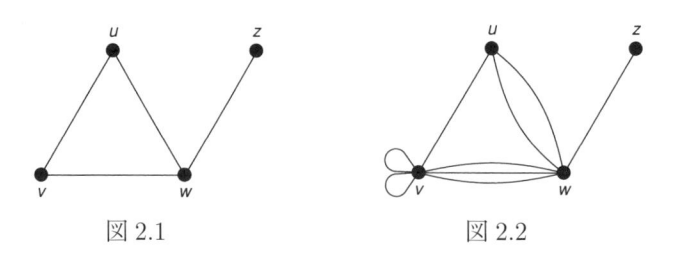

図 2.1　　　　　図 2.2

　任意の単純グラフにおいて2つの点を結ぶ辺は高々1本である．しかし，単

純グラフについて証明できる結果は，2つの点を結ぶ辺が2本以上のこともあり得る，より一般的な場合にまで拡張できることが多い．さらに，どの辺も2つの**相異なる**点を結ぶという制約をはずし，同じ点を結ぶ辺，すなわち**ループ** (loop) の存在を許すことがある．これを**一般グラフ** (general graph) または単に**グラフ**と呼ぶ (図 2.2 参照)．すべての単純グラフはグラフであるが，任意のグラフは必ずしも単純グラフではない．

より正確には**グラフ** G は，**点**と呼ばれる元からなる空でない有限集合 $V(G)$ と，**辺**と呼ばれる $V(G)$ の (必ずしも相異なるとは限らない) 元の非順序対からなる有限な族である $E(G)$ からなる．わざわざ「族」というのは，多重辺があってもよいことにするためである†．$V(G)$ を G の**点集合** (vertex set)，$E(G)$ を**辺族** (edge family) と呼ぶ．辺 $\{v, w\}$ は点 v と w を**結ぶ**といわれ，前と同じように vw と略記される．このようにして図 2.2 において $V(G)$ は集合 $\{u, v, w, z\}$ であり，$E(G)$ は辺 $uv, vv(2\,回), vw(3\,回), uw(2\,回), wz$ からなる．各ループ vv は，点 v とそれ自身を結んでいることに注意したい．この本ではしばしば単純グラフに限定しなければならないが，できる限り一般グラフに対して結果を証明する．

グラフ理論の用語には標準的なものはなく，各著者は独自の用語を用いている．グラフ理論家の一部では，本書でいう単純グラフのことを表わすのに「グラフ」を用いたり，本書でいう有向グラフのことを「グラフ」といっていることがある．また，点集合と辺族は両方とも無限であるものを「グラフ」と呼んでいたりする．有向グラフの研究は 7 章に，また無限グラフは §16 にまわす．以上のようなグラフの定義は，矛盾が生じない限りは，いずれも完全に正しい．この本では**すべてのグラフは有限**であり，**特に断わらない限りはループと多重辺も認める**．

同形

2 つのグラフ G_1 と G_2 の点の間に一対一対応があり，しかも G_1 の任意の 2 点を結ぶ辺数が G_2 の対応する 2 点を結ぶ辺数に等しいときに，G_1 と G_2 は**同形** (isomorphic) であるという．このようにして図 2.3 に示した 2 つのグラフは

---

†複数個の同じ元が入っていてもよい集まりを「族」と呼ぶことにする．例えば $\{a, b, c\}$ は集合であるが，(a, a, c, b, a, c) は族である．

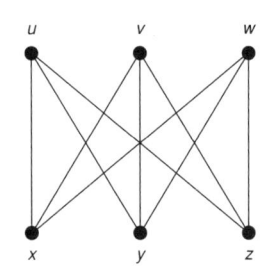

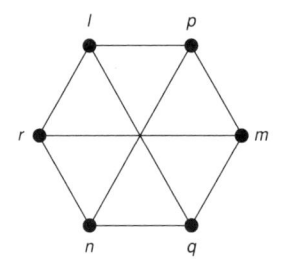

図 2.3

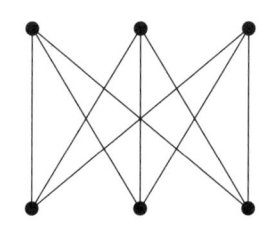

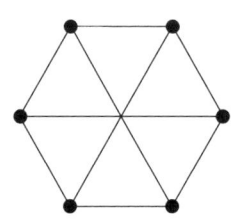

図 2.4

同形であり，その対応は $u \leftrightarrow l, v \leftrightarrow m, w \leftrightarrow n, x \leftrightarrow p, y \leftrightarrow q, z \leftrightarrow r$ である．多くの問題において，点のラベルは必要ないため省略する．2 つの「ラベルなしグラフ」が同形であるのは，これらのグラフにラベルを割り当てて得られた「ラベルつきグラフ」が同形であるときである．例えば，図 2.4 に示した 2 つのラベルなしグラフは，図 2.3 のように点にラベルづけできるので同形である．

ラベルつきグラフとラベルなしグラフはその数をかぞえると違いがはっきりわかる．例えば 3 点からなるグラフに限定すると，同形の範囲で，異なるラベルつきグラフは 8 つあるが，ラベルなしは 4 つだけである (図 2.5 と図 2.6 を見よ)．ラベルつきグラフとラベルなしのどちらを問題にしているかは，文脈から明らかであることが多い．

連結性

2 つのグラフを組み合わせて 1 つの大きなグラフをつくる方法がある．2 つのグラフを $G_1 = (V(G_1), E(G_1)), G_2 = (V(G_2), E(G_2))$ として，$V(G_1)$ と

図 2.5

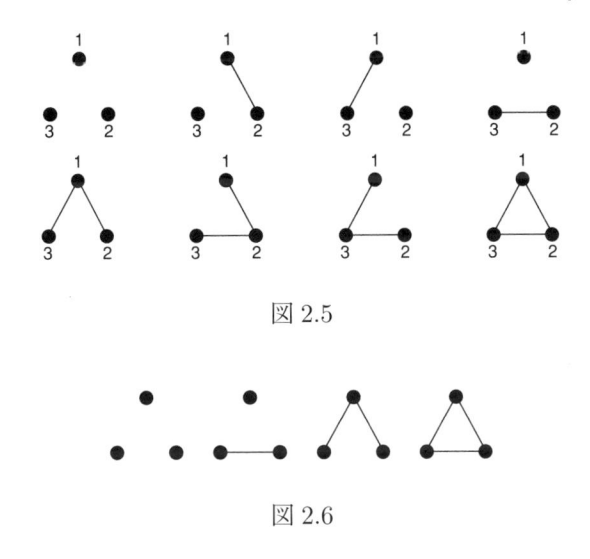

図 2.6

$V(G_2)$ は素であると仮定するとき，G_1 と G_2 の和 (union) $G_1 \cup G_2$ は点集合 $V(G_1) \cup V(G_2)$ と辺族 $E(G_1) \cup E(G_2)$ をもつグラフである (図 2.7 を見よ).

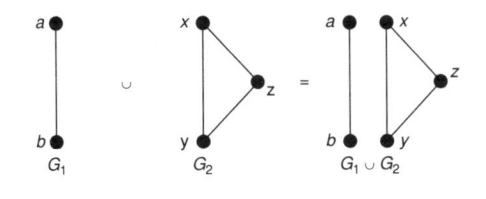

図 2.7

今まで扱ったグラフはほとんどすべて「ひとかたまり」であった．2 つのグラフの和として表現できないグラフは**連結** (connected) であり，表現できるグラフは**非連結** (disconnected) である．明らかに任意の非連結なグラフ G は連結グラフの和として表わせ，各々の連結グラフは G の**成分** (component) と呼ばれる．3 つの成分からなるグラフ G の例を図 2.8 に示す．

一般にグラフに関する問題を解くときに，まず連結グラフに対する結果を求めてから，それを各成分に個々に適用するとうまくいくことが多い．図 2.9 は 5 個までの点をもつラベルなし連結グラフの表である．

図 2.8

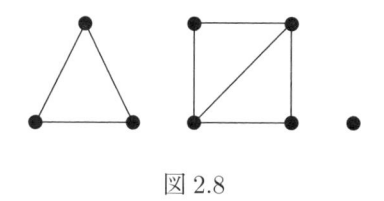

隣接

グラフ G に 2 つの点 v と w を結ぶ辺 vw があるとき，v と w は**隣接** (adjacent) しているという．このとき点 v と w は辺 vw に**接続** (incident) しているという．同様に，G の 2 本の辺が 1 つの点を共有しているとき，その 2 辺は隣接しているという（図 2.10 を見よ）．

G の点 v の**次数** (degree) は v に接続している辺の本数であり，$\deg(v)$ と書く．点 v の次数を計算するときには，（特に断わらない限り）v のループは（1 本ではなく）2 本として計算しなければならない．次数 0 の点は**孤立点** (isolated vertex) と呼ばれ，次数 1 の点は**端点** (end-vertex) と呼ばれる．従って，図 2.11 の 2 つのグラフにはそれぞれ端点が 2 個，次数 2 の点が 3 個あり，図 2.12 のグラフには端点が 1 個，次数 3 の点が 1 個，次数 6 の点が 1 個，次数 8 の点が 1 個ある．グラフの**次数列** (degree sequence) とは，次数を増加順に，必要とあらば同じ次数を繰り返し記したものである．例えば，図 2.11 のグラフの次数列は $(1,1,2,2,2)$ であり，図 2.12 では $(1,3,6,8)$ である．

任意のグラフのすべての点の次数を合計すれば偶数になることに注意してほしい．各辺は 2 回勘定されるので，その合計は実は辺数の 2 倍である．この Leonhard Euler による事実は 1736 年から知られており，**握手補題** (handshaking lemma) と呼ばれることが多い．というのも，何人かが握手するときに握手された手の合計数は偶数でなければならないからである．これは 1 回の握手に 2 本の手が関与することから明らかである．握手補題から直ちにわかることであるが，どのグラフにも奇数次の点は偶数個ある．

部分グラフ

グラフ G の**部分グラフ** (subgraph) とはその点はすべて $V(G)$ に属し，その

§2 定義 15

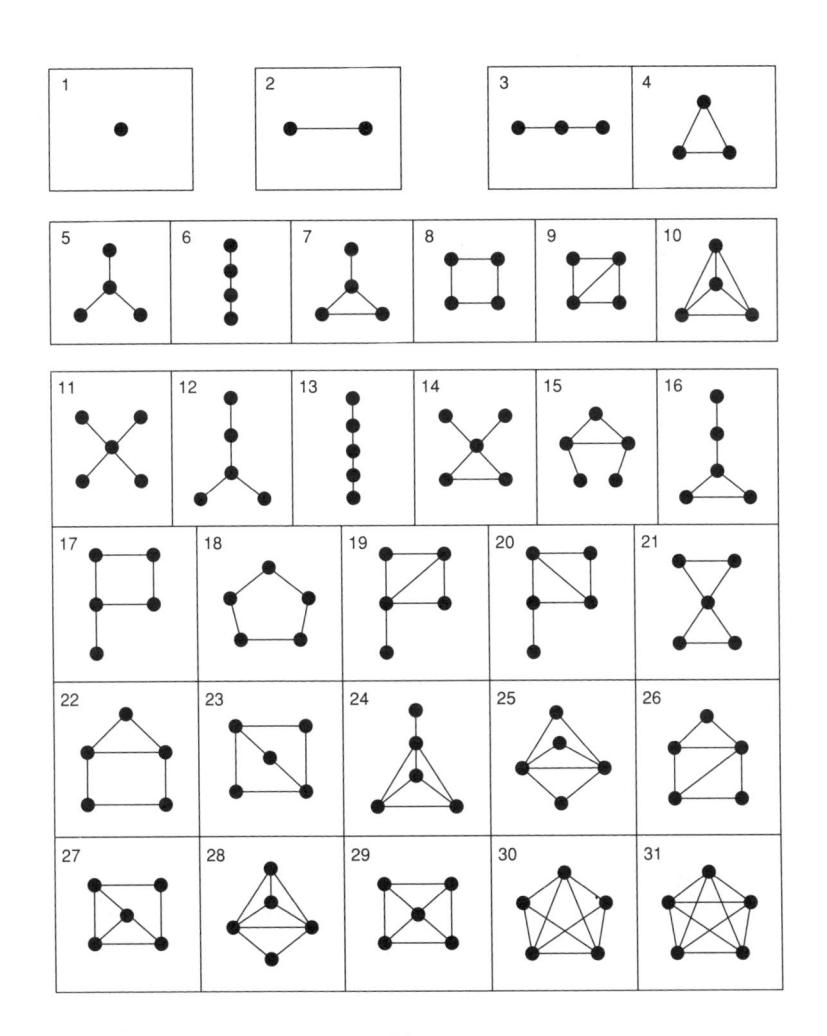

図 2.9

隣接している点　　　　隣接している辺

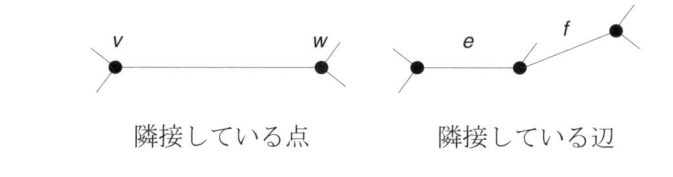

図 2.10

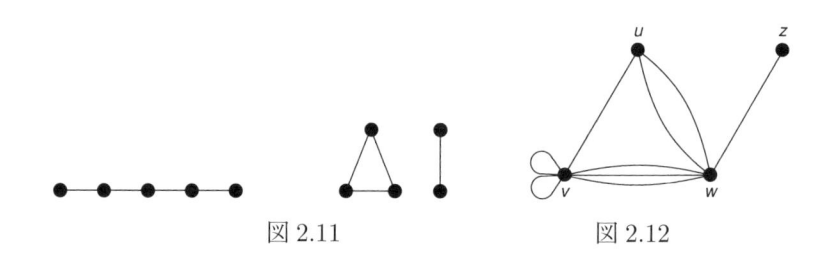

図 2.11　　　　　図 2.12

辺はすべて $E(G)$ に属すグラフのことである．よって図 2.13 のグラフは図 2.14 のグラフの部分グラフであるが，図 2.15 のグラフの部分グラフではない．これは図 2.15 のグラフには「三角形」がないことからわかる．

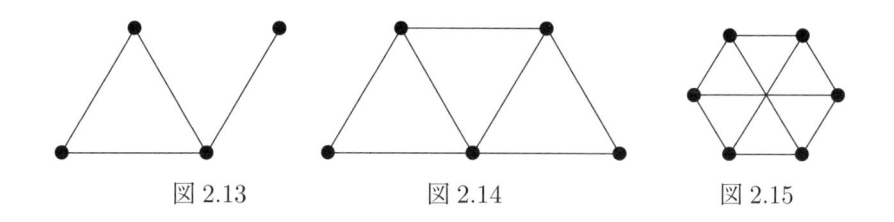

図 2.13　　　　　図 2.14　　　　　図 2.15

　グラフの辺と点を除去して部分グラフをつくることができる．e がグラフ G の辺であるとき，G から辺 e を除去して得られるグラフを $G-e$ と表わす．より一般的には，G の辺の任意の集合を F としたとき，F の辺をすべて除去して得られるグラフを $G-F$ と書く．同様にして，G から点 v および v に接続する辺すべて除去して得られるグラフを $G-v$ と書く．一般的には，S が G の点の任意の集合であるとき，S の点とそれらに接続している辺をすべて除去して得られるグラフを $G-S$ と書く．例を図 2.16 に示す．

　また，辺 e を「縮約」して得られるグラフを $G\backslash e$ と書く．すなわち，辺 e を

図 2.16

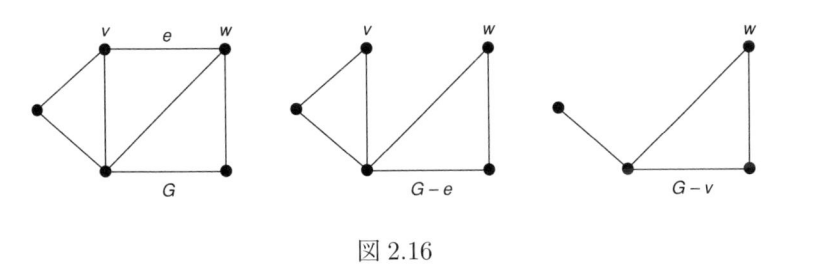

除去し，その端点 v と w を同一視して 1 点にする，つまりもともと v または w に接続していた（e 以外）の辺を新しくできた点に接続させたグラフが $G\backslash e$ である．例を図 2.17 に示す．

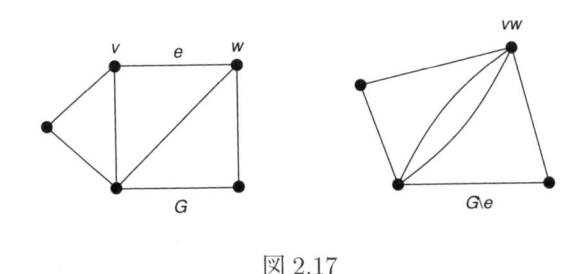

図 2.17

行列による表現法

　グラフを表わすのに点を線で結んだ図が便利であるが，大きなグラフを計算機に記憶させたいときには，このような表現法は適切ではないだろう．単純グラフを記憶させるひとつの方法として，グラフの各点に隣接している点をリストにしていく方法がある．例を図 2.18 に示す．

　他に有用な表現法として行列がある．グラフ G の点が $\{1, 2, \cdots, n\}$ とラベルづけされているとき，G の**隣接行列** (adjacency matrix) $\boldsymbol{A}$ とは，点 i と j を結ぶ辺の本数を ij 要素とする $n \times n$ 行列である．さらに辺が $\{1, 2, \cdots, m\}$ とラベルづけされているとき，G の**接続行列** (incidence matrix) $\boldsymbol{M}$ とは，点 i が辺 j に接続しているとき ij 要素が 1 であり，接続していないとき 0 であるよう

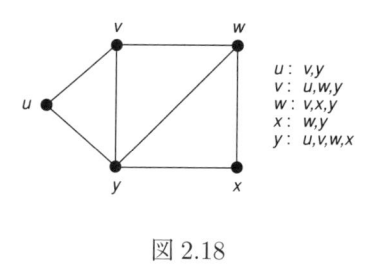

図 2.18

な $n \times m$ 行列である．図 2.19 にラベルづけされたグラフ G とその隣接行列と接続行列を示そう．

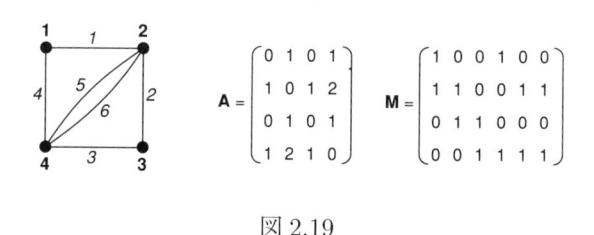

$$A = \begin{pmatrix} 0 & 1 & 0 & 1 \\ 1 & 0 & 1 & 2 \\ 0 & 1 & 0 & 1 \\ 1 & 2 & 1 & 0 \end{pmatrix} \quad M = \begin{pmatrix} 1 & 0 & 0 & 1 & 0 & 0 \\ 1 & 1 & 0 & 0 & 1 & 1 \\ 0 & 1 & 1 & 0 & 0 & 0 \\ 0 & 0 & 1 & 1 & 1 & 1 \end{pmatrix}$$

図 2.19

演 習 2

2.1^s　図 2.3 のグラフの点集合と辺集合を書け．

2.2　5 個の点と 8 本の辺をもつ次のようなグラフを描け．
　　(i) 単純グラフ
　　(ii) ループがない，単純でないグラフ
　　(iii) 多重辺がない，単純でないグラフ

2.3^s　(i) 点に適当なラベルをつけて，図 2.20 の 2 つのグラフは同形であることを示せ．
　　(ii) 図 2.21 の 2 つのグラフは同形でない理由を説明せよ．

2.4　次の (i) と (ii) は真か偽か．

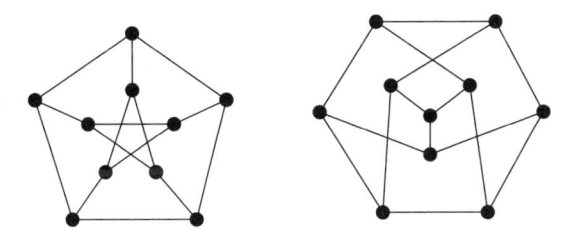

図 2.20

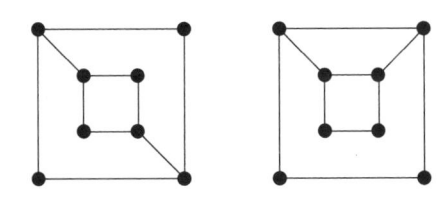

図 2.21

 (i) 同形なグラフは同じ次数列をもつ.
 (ii) 同じ次数列をもつグラフは同形である.

2.5 (i) n 点のラベルつき単純グラフがちょうど $2^{n(n-1)/2}$ 個あることを示せ.
 (ii) このうちちょうど m 本の辺をもつグラフはいくつあるか.

2.6^s 図 2.22 の各グラフを図 2.9 の一覧表から探せ.

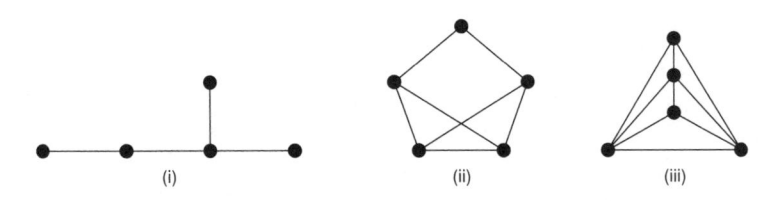

図 2.22

20　第 2 章　定義と例

2.7^s　図 2.9 のグラフのなかで 4 個の点をもつグラフの次数列を書け．また各グラフで握手補題が成立することを確かめよ．

2.8　(i) 6 点のグラフで，各点の次数列が $(3, 3, 5, 5, 5, 5)$ であるものを描け．この次数をもつ**単純**グラフは存在するか．
　　　(ii) 上の (i) で次数列が $(2, 3, 3, 4, 5, 5)$ のときはどうか．

2.9*　G は単純グラフであり，2 個以上の点があるとする．G には同じ次数の点が 2 個以上あることを証明せよ．

2.10^s　図 2.23 のどのグラフが図 2.20 のグラフの部分グラフか．

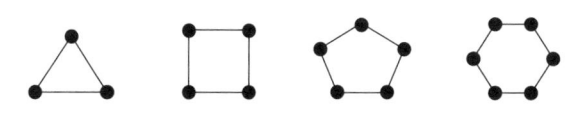

図 2.23

2.11　グラフ G には n 個の点と m 本の辺があるとし，G の点 v は次数 k であり，e は G の辺であるとする．$G - v, G - e, G \backslash e$ はそれぞれ何個の点と辺をもつか．

2.12^s　図 2.24 のグラフの隣接行列と接続行列を書け．

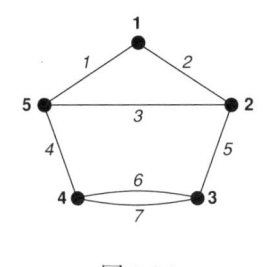

図 2.24

2.13　(i) 図 2.25 の隣接行列をもつグラフを描け．
　　　(ii) 図 2.26 の接続行列をもつグラフを描け

$$\begin{pmatrix} 0 & 1 & 1 & 2 & 0 \\ 1 & 0 & 0 & 0 & 1 \\ 1 & 0 & 0 & 1 & 1 \\ 2 & 0 & 1 & 0 & 0 \\ 0 & 1 & 1 & 0 & 0 \end{pmatrix}$$

図 2.25

$$\begin{pmatrix} 0 & 0 & 1 & 1 & 1 & 1 & 1 & 0 \\ 0 & 1 & 0 & 1 & 0 & 0 & 0 & 1 \\ 0 & 0 & 0 & 0 & 0 & 0 & 0 & 1 \\ 1 & 0 & 1 & 0 & 1 & 0 & 1 & 0 \\ 1 & 1 & 0 & 0 & 0 & 1 & 0 & 0 \end{pmatrix}$$

図 2.26

2.14　グラフ G にはループがないとき，次のことに関して何がわかるか．
　　　(i) G の隣接行列の任意の行または列の要素の和

　　　(ii) G の接続行列の任意の行の要素の和

　　　(iii) G の接続行列の任意の列の要素の和

2.15*　G は単純グラフであり，その辺集合を $E(G)$ とする．G に関連したベクトル空間とは mod 2 の整数体 $\mathbf{Z}_2$ 上のベクトル空間で，その元は $E(G)$ の部分集合であるとする．辺の集合 E, F の和 $E + F$ は，E または F に入っているが両方には入っていない辺の集合であると定義する．また，スカラー積は $1 \cdot E = E$ および $0 \cdot E = \emptyset$ で定義する．これは $\mathbf{Z}_2$ 上のベクトル空間を定義していることを示し，その基を求めよ．

§3　例

本節ではいくつかの重要な形をしたグラフについて調べよう．これらのグラフは例や演習に出てくるので，慣れ親しんでおいた方がよい．

空グラフ

辺集合が空であるグラフは**空グラフ** (null graph) と呼ばれる．n 個の点の空

グラフを N_n と表わす．N_4 を図 3.1 に示す．空グラフではすべての点が孤立点である．空グラフはとりたてておもしろいというわけではない．

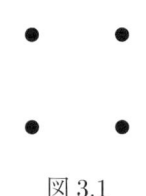

図 3.1

完全グラフ

相異なる 2 つの点がすべて隣接している単純グラフを**完全グラフ** (complete graph) と呼ぶ．n 個の点をもつ完全グラフは普通 K_n と書かれる．K_4 と K_5 を図 3.2 に示す．K_n にはちょうど $\frac{1}{2}n(n-1)$ 本の辺があることを確かめよ．

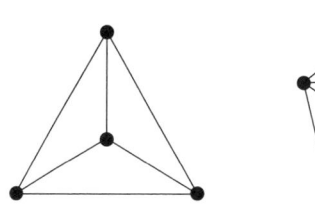

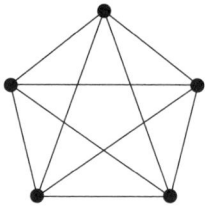

図 3.2

閉路グラフ，道グラフ，車輪

次数 2 の正則連結グラフは**閉路グラフ** (cycle graph) と呼ばれ，n 個の点をもつ閉路を C_n と書く．C_n から 1 つの辺を除いて得られるグラフは n 個の点をもつ**道グラフ** (path graph) と呼ばれ P_n と書く．C_{n-1} に 1 つの新しい点 v を加え，v と他のすべての点とを辺で結んで得られるグラフは，n 点の**車輪** (wheel) と呼ばれ，W_n と書く．図 3.3 に C_6, P_6 と W_6 を示す．

図 3.3

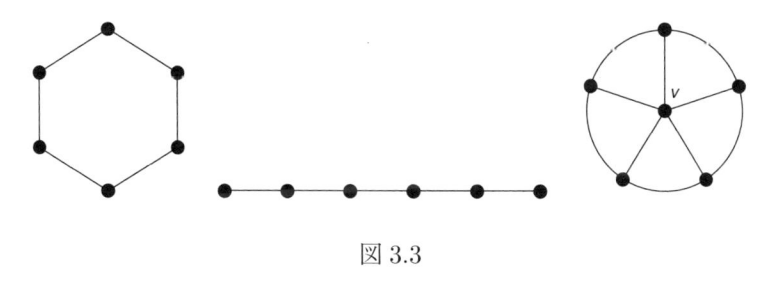

正則グラフ

どの点の次数も同じであるグラフは**正則グラフ** (regular graph) と呼ばれる. その次数が r であるとき, **次数 r の正則グラフ** あるいは r-**正則グラフ**と呼ばれる. 彩色問題で特に重要なのは, **3次** (cubic) グラフであるが, これは次数3の正則グラフのことである. 3次グラフで有名な例は**ピータスン・グラフ** (Petersen graph) である. これを図 3.4 に示す. 空グラフ N_n は次数0の正則グラフであり, 閉路 C_n は次数2の正則グラフであり, また完全グラフ K_n は次数 $n-1$ の正則グラフである.

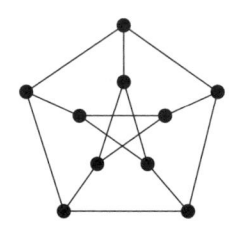

図 3.4

プラトン・グラフ

正則グラフの中でも特におもしろいのは, **プラトン・グラフ** (Platonic graph) である. 正多面体 (プラトンの多面体) は, 正四面体, 正立方体, 正八面体, 正十二面体と正二十面体の5つがあるが, それらの頂点と辺からつくられたグラ

フがプラトン・グラフである（図 3.5 を見よ）．

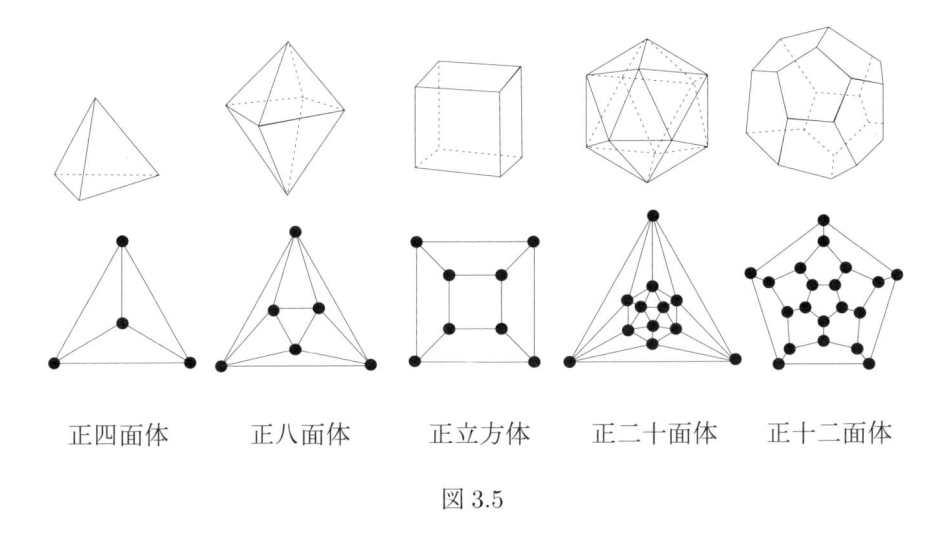

正四面体　　正八面体　　正立方体　　正二十面体　　正十二面体

図 3.5

二部グラフ

グラフ G の点集合を 2 つの素な集合 A と B に分割し，しかも G のすべての辺は A の点と B の点を結ぶようにできるとしよう．このとき G は**二部グラフ** (bipartite graph) と呼ばれる（図 3.6 を見よ）．あるいは，G の各辺が黒の点 (A) と白の点 (B) を結ぶことになるように，G の点を黒と白で塗れるとき，G は二部グラフであるといってもよい．

A の各点が B の各点とちょうど一本の辺で結ばれている二部グラフは**完全二部グラフ** (complete bipartite graph) と呼ばれ，黒の点 r 個，白の点 s 個をもつ二部グラフを $K_{r,s}$ と表わす．$K_{1,3}, K_{2,3}, K_{3,3}, K_{4,3}$ を図 3.7 に示す．$K_{r,s}$ には $r + s$ 個の点と rs 本の辺がある．

立方体

正則二部グラフの中でも特に興味深いものとして立方体がある．***k*-立方体** (*k*-cube) Q_k とは，$a_i = 0$ または 1 であるような 1 つの列 $(a_1, a_2, \cdots, a_k)$ に 1 つ

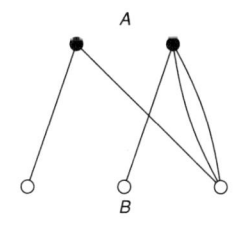

図 3.6

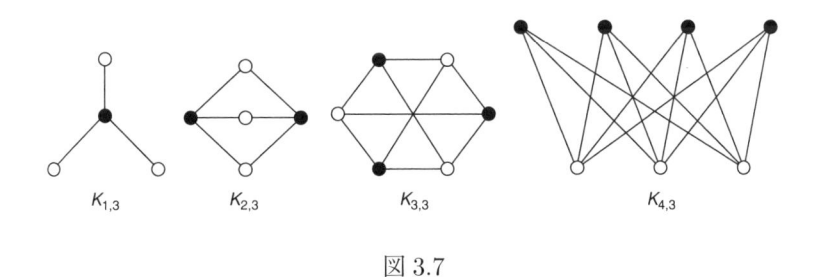

$K_{1,3}$ $K_{2,3}$ $K_{3,3}$ $K_{4,3}$

図 3.7

の点を対応させたグラフであり，1 個だけ異なる a_i をもつ 2 つの列に対応する 2 つの点が辺で結ばれる．正立方体のグラフは単に Q_3 である（図 3.8）．Q_k は 2^k 個の点と $k2^{k-1}$ 本の辺をもち，次数 k の正則グラフである．

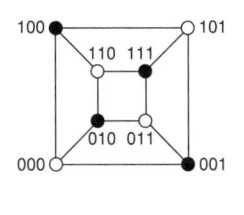

図 3.8

単純グラフの補グラフ

G は単純グラフであり，その点集合を $V(G)$ とする．G の補グラフ (complement) $\overline{G}$ とは点集合 $V(G)$ をもち，$\overline{G}$ の 2 点が隣接するのは G におけるそれら 2 点が隣接していないとき，かつそのときに限るような単純グラフのことである．図 3.9 にグラフとその補グラフを例示する．完全グラフの補グラフは空グラフであり，完全二部グラフの補グラフは 2 つの完全グラフの和である．

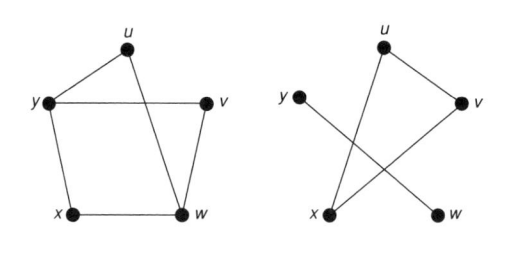

図 3.9

演 習 3

3.1^s　次のグラフを描け．
    (i) 空グラフ N_5
    (ii) 完全グラフ K_6
    (iii) 完全二部グラフ $K_{2,4}$
    (iv) $K_{1,3}$ と W_4 の和
    (v) 閉路グラフ C_4 の補グラフ

3.2^s　次のグラフに辺は何本あるか．
    (i) K_{10}，　(ii) $K_{5,7}$，　(iii) Q_4，　(iv) W_8，　(v) ピータスン・グラフ

3.3　各プラトン・グラフには何本の辺と何個の点があるか．

3.4^s　図 2.9 のグラフから，正則グラフと二部グラフをすべて見つけよ．

3.5　次の (i) から (iv) のようなグラフの一例を (もしあるならば) 与えよ．
    (i) 次数 5 の正則グラフであるような二部グラフ
    (ii) 二部グラフであるプラトン・グラフ

(iii) 車輪である完全グラフ
(iv) 11個の点をもつ3次グラフ
(v) 次数4の正則グラフで $K_5, K_{4,4}, Q_4$ 以外のグラフ

3.6^s 高々8個の点をもつすべての3次単純グラフを描け.

3.7 **完全三部グラフ** (complete tripartite graph) $K_{r,s,t}$ は（大きさ r, s, t の）3つの点集合からなり，異なる集合に属する2つの点はすべて辺で結ばれているグラフのことである．グラフ $K_{2,2,2}$ と $K_{3,3,2}$ を描け．また，$K_{3,4,5}$ には辺が何本あるか．

3.8 それ自身の補グラフと同形な単純グラフは**自己補対** (self-complementary) であるという．
  (i) G が自己補対ならば，ある整数 k に対して，G の点は $4k$ または $4k+1$ 個あることを示せ．
  (ii) 4個または5個の点をもつ自己補対グラフをすべて探せ．
  (iii) 8個の点からなる自己補対グラフを見つけよ．

3.9* 単純グラフ G の**線グラフ** (line graph) $L(G)$ とは，G の辺に一対一対応する点をもち，G で隣接している2本の辺に対応する $L(G)$ の2個の点を必ず辺で結んで得られるグラフのことである．
  (i) K_3 と $K_{1,3}$ の線グラフは同一であることを示せ．
  (ii) 正四面体グラフの線グラフは正八面体グラフであることを示せ．
  (iii) G が次数 k の正則グラフであるとき，$L(G)$ は次数 $2k-2$ の正則グラフであることを示せ．
  (iv) G の点の次数でもって $L(G)$ の辺の本数を表わす式を見つけよ．
  (v) $L(K_5)$ はピータスン・グラフの補グラフであることを示せ．

3.10* 単純グラフ G の**自己同形写像** (automorphism) φ とは，G の点集合のそれ自身上への一対一対応であり，しかも点 v と w が隣接しているとき，かつそのときに限り点 $\varphi(v)$ と $\varphi(w)$ が隣接しているような写像のことである．G の**自己同形群** (automorphism group) $\Gamma(G)$ とは G の自己同形写像から合成によりつくられる群のことである．

(i) $\Gamma(G)$ と $\Gamma((\bar{G})$ は同形であることを示せ．
(ii) 群 $\Gamma(K_n), \Gamma(K_{r,s}), \Gamma(C_n)$ を見つけよ．
(iii) 上の (i) と (ii) および演習 3.9 の (v) を用いて，ピータスン・グラフの自己同形群を見つけよ．

§4　3つのパズル

本節では3つのパズルをとりあげ，グラフを使って解いてみよう．各パズルともグラフの図を用いることにより，数段理解し易くなることに気づいてほしい．

8つの円の問題

図 4.1 の 8 つの円のなかに，A, B, C, D, E, F, G, H の文字を入れよ．ただし，アルファベットの順番で隣にくる文字は，互いに隣接しないようにせよ．

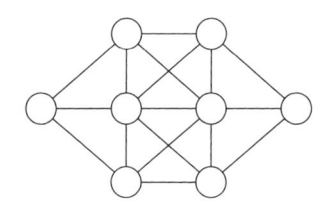

図 4.1

まず初めに，あらゆる可能性を試してみることは現実的でない点に注意しよう．なぜなら 8 つの円に 8 つの文字を入れる方法は $8! = 40{,}320$ 通りもあるからである．したがってもっとうまい方法が必要である．

次の 2 点に注意してほしい．

(i) 配置が最も易しい文字は A と H である．どちらも隣接してはいけない文字が1文字しかないからである（すなわち A は B, H は G）．
(ii) 文字の配置が最も難しい円は真中の円である．どちらの円も6つの円と隣接しているからである．

このことから，A と H は真中の円に入れるとよいことがわかる．もし A を H の左側に置くならば，B と G の位置は自ずと決まり図4.2に示す．

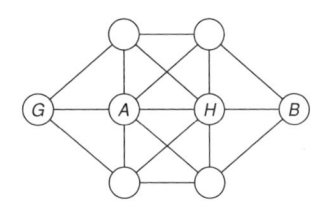

図 4.2

次に，C は図の左側に，F は図の右側に配置されなければならない．ここまでくると残りの文字を入れるのは簡単であり，答を図4.3に示す．

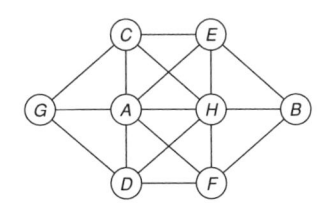

図 4.3

6人の会合

6人が出席する任意の会合で，互いに知り合いの**3**人がいるか，そうでなければ全く知り合いでない**3**人がいることを示せ．

この問題を解くために，各出席者を点と見なすグラフを描く．2 人が知り合いである場合は対応する 2 つの点を実線で結び，知り合いでない場合は点線で結ぶ．実線で結ばれた三角形あるいは点線の三角形が常に存在することを示さなければならない．

v を任意の点としよう．v と接続する実線あるいは点線の辺がちょうど 5 本なければならず，このうち 3 本以上は同じ線種でなければならない．ここで 3 本の実線の辺があると仮定しよう（図 4.4 を見よ）．3 本以上が点線である場合も同様である．

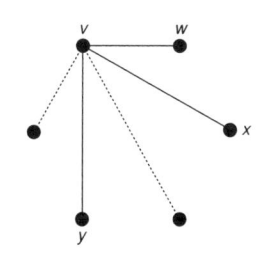

図 4.4

点 w と x に対応する出席者が互いに知り合いであるならば，v, w, x を実線で結ぶ三角形ができる．点 w と y あるいは x と y に対応する出席者が知り合いである場合も同様に実線で結ばれた三角形ができる．図 4.5 にこの 3 つの例を示す．

最後に，点 w, x, y に対応する出席者に互いに知り合いの 2 人がいないならば，図 4.6 のように w, x, y を点線で結ぶ点線の三角形ができる．

4 つの立方体の問題

この節を終わるにあたって，**急性精神病** (Instant Insanity) という名前で流行しているパズルを考えてみよう．

> 4 個の正立方体をつくり，図 4.7 のように各面を赤，青，緑，黄の
> 4 色のいずれかに塗り分けるとする．これらの立方体を積み上げて

図 4.5

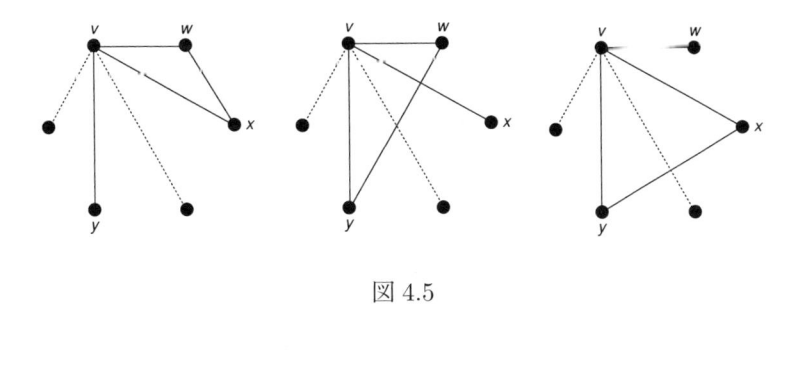

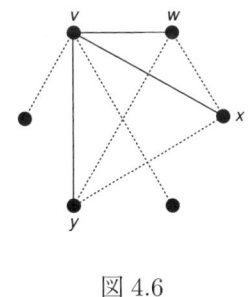

図 4.6

四角柱をつくり，四角柱の 4 つの長方形の側面それぞれに 4 色全部が現われるようにするには，どのように積み上げればよいか．

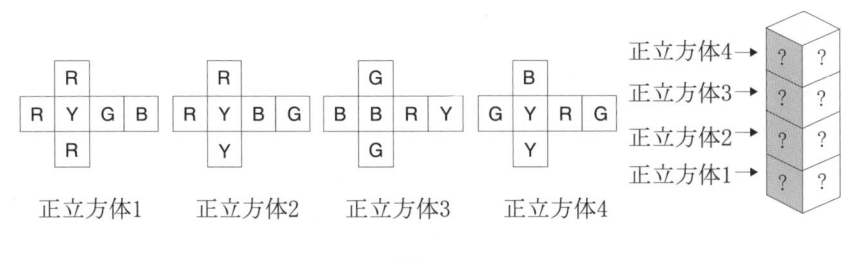

図 4.7

正立方体の積み方は何千通りもあるが，この問題の解は 1 通りしかない．

この問題を解くために，各正立方体を 4 点からなるグラフで表わす．R, B, G, Y の各点は各色に対応させる．また，平行な面に塗られた色に対応する点は辺で結んでおく．図 4.7 の正立方体に対応するグラフを図 4.8 に示す．

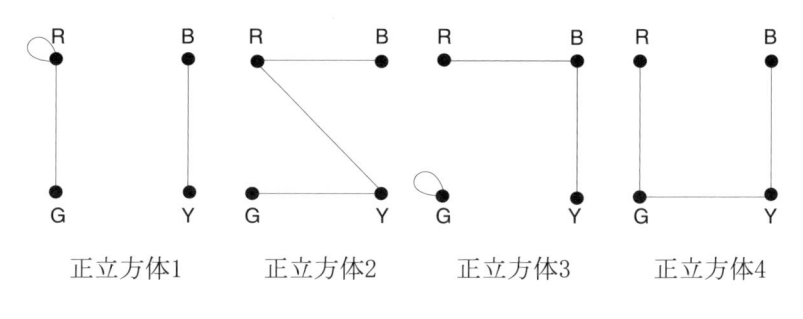

正立方体1　　　正立方体2　　　正立方体3　　　正立方体4

図 4.8

これらのグラフを重ね合わせて新しいグラフ G(図 4.9) をつくろう．

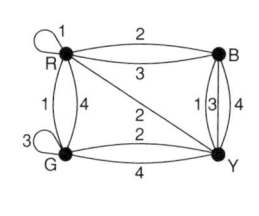

図 4.9

パズルの解は，G の部分グラフ H_1 と H_2 を見つけることに帰着する．H_1 は各立方体の前面と後面にどの色が現われるかを表わし，H_2 は右面と左面にどの色が現われるかを表わしており，結局 H_1 と H_2 は次の性質 (a)〜(c) を満足しなければならない．

(a) **H_1 と H_2 はどちらも各立方体の辺をちょうど 1 本ずつ含む**．(したがって，四角柱の側面には各正立方体の前後の面と左右の面が現われるが，H_1 と H_2 からこれらの面に塗られている色がわかる．)

(b) **共通な辺がない**. (したがって，前後の面と左右の面は違う．)
(c) **次数2の正則グラフである**. (したがって，いずれの色も右面と左面に各々1回現われ，前面と後面に各々1回現われる．)

本書の例に対応する部分グラフを図4.10に示す．この部分グラフから解は読み取れるだろう (図4.11)．

前面と後面
H_1

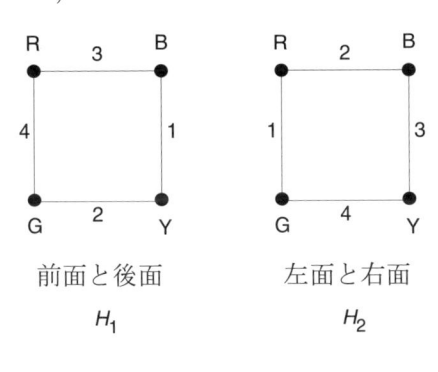

左面と右面
H_2

図 4.10

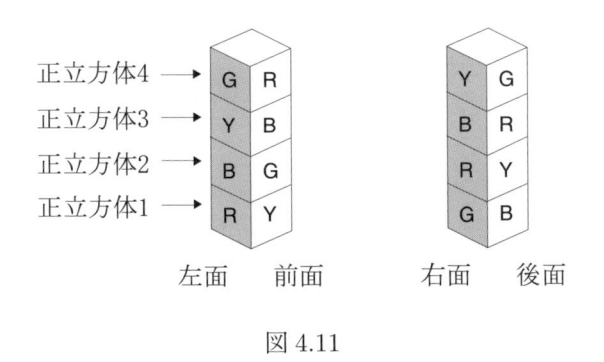

正立方体4 →
正立方体3 →
正立方体2 →
正立方体1 →

左面　前面　　　右面　後面

図 4.11

演 習 4

4.1^s　　8つの円の問題に対する別の解を見つけよ．

4.2^s 5人が出席する会合で，互いに知り合いの3人がいることもなく，互いに知り合いでない3人がいることもないものが存在することを示せ．

4.3^s 図 4.12 の 4 つの正立方体に対する 4 つの正立方体問題の解を 1 つ見つけよ．

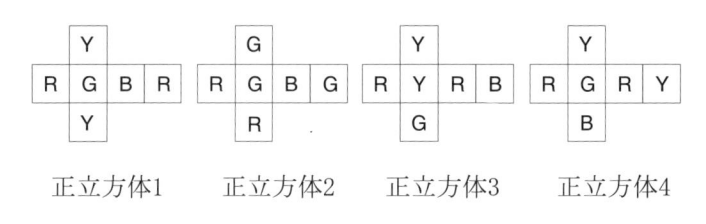

	Y				G				Y				Y		
R	G	B	R	R	G	B	G	R	Y	R	B	R	G	R	Y
	Y				R				G				B		

正立方体1　　正立方体2　　正立方体3　　正立方体4

図 4.12

4.4 図 4.13 の 4 つの正立方体に対する 4 つの正立方体問題には解が無いことを示せ．

	G				B				Y				B		
Y	G	R	B	G	R	R	Y	R	Y	G	B	Y	B	G	R
	R				G				Y				B		

正立方体1　　正立方体2　　正立方体3　　正立方体4

図 4.13

4.5* 本書の 4 つの正立方体問題に対する解はその正立方体に対しては唯一の解であることを示せ．

第3章 道と閉路

前章でいくつかの種類のグラフを紹介し，利用できるようになった．グラフの性質を調べるために，「1つの点から他の点への行き方」を定義しよう．§5ではこれらの定義を与え，連結性に関する性質を2,3証明する．§6と§7では2種類の特別なグラフについて述べる．すなわち，すべての辺を含む小道があるグラフおよびすべての点を含む閉路があるグラフである．この章の最後§8では道や閉路の応用例を述べる．

§5 連結性

任意のグラフ G が与えられたとき，G の**歩道** (walk) とは

$$v_0v_1, v_1v_2, \cdots, v_{m-1}v_m \quad (\text{または } v_0 \to v_1 \to v_2 \to \cdots \to v_m)$$

の形をした辺の有限列のことである．明らかに，歩道中に連続して現われる任意の2本の辺は隣接しているか，あるいは同一の辺である．歩道から点の列 $v_0, v_1, \cdots, v_m$ が自然と定まる．v_0 をその歩道の**始点** (initial vertex) と呼び，v_m を**終点** (final vertex) と呼び，その歩道を v_0 から v_m への歩道という．歩道中の辺の本数がその**長さ**である．例えば，図5.1において，$v \to w \to x \to y \to z \to z \to y \to w$ は v から w への長さ7の歩道である．

目的によっては歩道の概念が一般的すぎることがあるので，さらに制約を加える．すべての辺が異なる歩道を**小道** (trail) と呼ぶ．さらに点 $v_0, v_1, \cdots, v_m$ がすべて異なるとき (ただし $v_0 = v_m$ であってもよいとする)，その小道を**道** (path) と呼ぶ．$v_0 = v_m$ ならば，道や小道は**閉じている**という．少なくとも1本の辺をもつ閉じた道は**閉路** (cycle) と呼ばれる．ループや2本の多重辺は閉

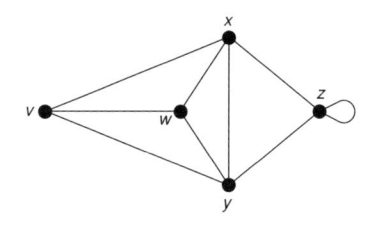

図 5.1

路そのものであることに注意しよう．
　図 5.1 を例にとって，上の定義を復習してみよう．$v \to w \to x \to y \to z \to z \to x$ は小道であり，$v \to w \to x \to y \to z$ は道であり，$v \to w \to x \to y \to z \to x \to v$ は閉じた小道であり，$v \to w \to x \to y \to v$ は閉路である．($v \to w \to x \to v$ のような) 長さ 3 の閉路は**三角形** (triangle) と呼ばれる．

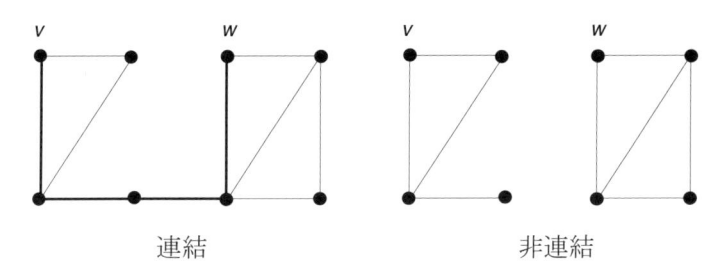

連結　　　　　　　　　非連結

図 5.2

　グラフの各 2 点の間に道があるとき，かつそのときに限り，グラフは**連結**であるという (図 5.2 を見よ)．またグラフ G の閉路がすべて偶数長であるとき，かつそのときに限り，G は二部グラフであることにも注意してほしい．この事実を証明するが，逆の証明は読者に残しておく (演習 5.3)．

定理 5.1　　G が二部グラフであるとき，閉路はすべて偶数長である．

[証明]　G は二部グラフであるので，点集合を 2 つの互いに素な点集合 A と B に分割でき，G の各辺は A と B の点を結ぶ．$v_0 \to v_1 \to \cdots \to v_m \to v_0$ は G の閉路であるとして，(一般性を失うことなく) v_0 は A に含まれると仮定できる．このとき v_1 は B に含まれ，v_2 は A に含まれ，$\cdots$, v_0 は A に含まれることになる．よって v_m は B に含まれ，その閉路の長さは偶数長である．□

次に n 個の点からなる単純連結グラフに含まれる辺数の上界や下界を調べる．このようなグラフは，閉路がないときに辺数が最も少なく，反対に完全グラフのときに最も多い．すなわち，辺数は $n-1$ と $\frac{1}{2}n(n-1)$ の間にあると思われる．これを特殊な場合として包含するような，より一般的な定理を証明しよう．

定理 5.2　G は n 個の点をもつ単純グラフであるとする．G には k 個の成分があるとき，G の辺の本数 m は次式を満足する．

$$n - k \leq m \leq \frac{1}{2}(n-k)(n-k+1)$$

[証明]　G の辺数に関する帰納法を用いて下界 $m \geq n - k$ を証明する．まず，G が空グラフであるときは自明である．G はできる限り少ない辺数 (m_0 とする) をもつならば，G から任意の辺を除去すると成分数が 1 だけ増えて，成分数は $k+1$ になり，点数は n, 辺数は $m_0 - 1$ である．帰納法の仮定により，$m_0 - 1 \geq n - (k+1)$ であるから，直ちに $m_0 \geq n - k$ が証明される．

次に上界を証明しよう．G が成分数 k のグラフで辺数が一番多いとすると，G の各成分は完全グラフであるとしてよい．仮に，2 つの成分 C_i と C_j があって，C_i には n_i 個の点があり，C_j には n_j 個の点があり，しかも $n_i \geq n_j > 1$ であるとしてみよう．このとき，C_i を $n_i + 1$ 個の点をもつ完全グラフでおきかえ，C_j を $n_j - 1$ 個の点をもつ完全グラフでおきかえると，点の総数と成分数は変化しないが，辺数は次の本数だけ増加してしまう．

$$\frac{1}{2}\{(n_i+1)n_i - n_i(n_i-1)\} - \frac{1}{2}\{n_j(n_j-1) - (n_j-1)(n_j-2)\} = n_i - n_j + 1 > 0$$

よって，成分数 k で辺数が一番多いグラフ G は，$n-k+1$ 個の点からなる完全グラフ 1 つと $k-1$ 個の孤立点からできている．これから上界が直ちに得ら

れる. □

> **系 5.3** n 点の単純グラフに $\frac{1}{2}(n-1)(n-2)+1$ 本以上の辺があれば連結である.

連結グラフの研究として,「どのくらいつながっているか」を調べる問題もある. グラフを非連結にするには, 何個の辺や点を除去しなければならないかという質問と解釈してもよい. このような質問について議論するときに必要な用語を与えておく.

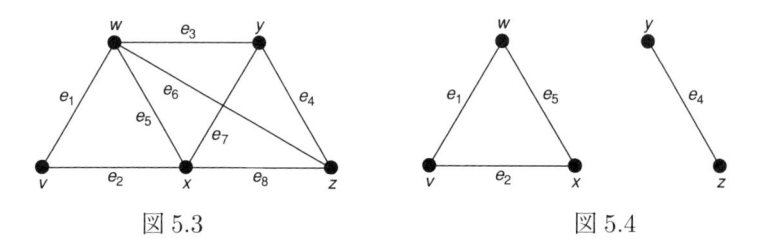

図 5.3　　　　　　　図 5.4

連結グラフ G の**非連結化集合** (disconnecting set) とは, それを除去すると G が非連結になるような辺の集合のことである. 例えば図 5.3 のグラフでは, $\{e_1, e_2, e_5\}$ および $\{e_3, e_6, e_7, e_8\}$ のどちらも G の非連結化集合であり, その後者を除去したときに残る非連結グラフを図 5.4 に示す.

どんな真部分集合も非連結化集合ではないような非連結化集合を特に**カットセット** (cutset) と呼ぶ. よって, 上の例であげた 2 つの非連結化集合のうち, 後者はカットセットである. カットセットの辺をすべて除去すれば, 成分が 2 つあるグラフになることに注意しよう. カットセットが 1 本の辺 e であるとき, e は**橋** (bridge) と呼ばれる (図 5.5 を見よ).

これらの定義は非連結グラフに拡張できる. すなわち, G は連結とは限らない任意のグラフとしたとき, G の辺の集合で, それを除去すると成分数が増えるものが G の**非連結化集合** である. G の**カットセット** とは, 非連結化集合であって, かつそのどんな真部分集合も非連結化集合ではないようなものである.

G が連結であるとき, G の**辺連結度** (edge-connectivity) $\lambda(G)$ とは G の最小なカットセットの大きさのことである. いいかえれば, G を非連結にするた

§5 連結性

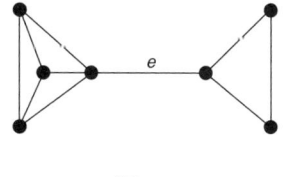

図 5.5

に除去しなければならない辺の最小数が $\lambda(G)$ である．例えば，図 5.3 のグラフ G では $\lambda(G) = 2$ であり，対応するカットセットは $\{e_1, e_2\}$ である．また，$\lambda(G) \geq k$ のとき G は **k-辺連結** であるともいう．図 5.3 のグラフは 1-辺連結かつ 2-辺連結であるが，3-辺連結ではない．

点を除去することにしても同様な概念が定義できる．連結グラフ G の **分離集合** (separating set) とは G の点の集合であり，それを除去すると G が非連結になるようなもののことである．点を除去するときにはその接続辺も除去する．例えば図 5.3 のグラフでは集合 $\{w, x\}$ と $\{w, x, y\}$ は G の分離集合である．前者を除去すると図 5.6 の非連結グラフができる．分離集合が 1 個の点 v だけからなるとき，v は **カット点** (cut-vertex) と呼ばれる (図 5.7)．上のようにこれらの定義は直ちに非連結グラフに拡張できる．

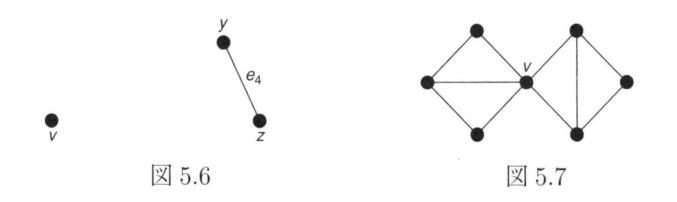

図 5.6　　　　　　　図 5.7

G が連結であるが完全グラフではないとき，G の **(点) 連結度** $\kappa(G)$ とは G の最小な分離集合の大きさである．いいかえれば，G を非連結にするのに除去しなければならない点の最小数が $\kappa(G)$ である．例えば，G が図 5.3 のグラフであるとき，$\kappa(G) = 2$ であり，対応する分離集合は $\{w, x\}$ である．$\kappa(G) \geq k$ のとき，G は **k-連結** であるという．図 5.3 のグラフは 1-連結かつ 2-連結であるが，3-連結ではない．任意の連結グラフ G に対して $\kappa(G) \leq \lambda(G)$ が証明できる．

最後に，閉路の性質とカットセットの性質は，予期した以上に驚くほど類似

していることに注意しよう．演習 5.11, 5.12, 5.13, 6.8 および 9.10 を見ればこのことに気づくだろう．この理由は 9 章で明快に説明される．

演習 5

5.1^s　ピータスン・グラフで次のものを見つけよ．
　　(i) 長さ 5 の小道
　　(ii) 長さ 9 の道
　　(iii) 長さ 5, 6, 8 および 9 の閉路
　　(iv) 3, 4 および 5 本の辺をもつカットセット

5.2^s　グラフの**内周** (girth) とは最短な閉路の長さのことである．(i) K_9, (ii) $K_{5,7}$, (iii) C_8, (iv) W_8, (v) Q_5, (vi) ピータスン・グラフ, (vii) 正十二面体の内周を求めよ．

5.3　定理 5.1 の逆，すなわち，グラフ G のすべての閉路が偶数長ならば G は二部グラフであることを証明せよ．

5.4^s　単純グラフとその補グラフの両方とも非連結であるということはないことを証明せよ．

5.5^s　次のグラフに対し $\kappa(G)$ と $\lambda(G)$ を求めよ．
　　(i) C_6
　　(ii) W_6
　　(iii) $K_{4,7}$
　　(iv) Q_4

5.6　(i) 連結グラフの最小次数が k ならば，$\kappa(G) \leq k$ であることを示せ．
　　(ii) 最小次数が k であり，かつ $\kappa(G) < \lambda(G) < k$ なるグラフ G を 1 つつくれ．

5.7　(i) グラフが 2-連結であるための必要十分条件は，任意の 2 点が同じ閉路に含まれることである．このことを証明せよ．
　　(ii) 2-辺連結グラフに関して対応する命題を書け．

5.8 連結グラフ G の点集合は $\{v_1, v_2, \cdots, v_n\}$ であり,m 本の辺と t 個の三角形があるとする.

    (i) G の隣接行列を A としたとき,行列 A^2 の ij 要素は v_i と v_j 間の長さ 2 の歩道の個数に等しいことを証明せよ.

    (ii) $2m =$ 行列 A^2 の対角要素の総和 であることを示せ.

    (iii) v_i と v_j 間の長さ 3 の歩道の個数の場合はどうか.また $6t =$ 行列 A^3 の対角要素の総和 であることを示せ.

5.9 連結グラフにおいて,v から w への距離 $d(v, w)$ は v から w への最短路の長さである.

    (i) $d(v, w) \geq 2$ ならば $d(v, z) + d(z, w) = d(v, w)$ なる点 z が存在することを示せ.

    (ii) ピータスン・グラフにおいて,任意の異なる 2 点 v と w に対して $d(v, w) = 1$ または 2 であることを示せ.

5.10* **Turán の極値定理**:G は $2k$ 個の点をもつ単純グラフで,三角形はないとする.G の辺は k^2 本以下であることを k の帰納法で証明せよ.また,この上界を実現するグラフを 1 つつくれ.

5.11* (i) グラフ G の中に辺 e を含む閉路が 2 つあるとき,e を含まない閉路があることを証明せよ.

    (ii) 上の「閉路」を「カットセット」でおきかえた命題を証明せよ.

5.12* (i) 連結グラフ G の閉路を C とし,カットセットを C^* としたとき C と C^* に共通に含まれている辺は偶数本であることを証明せよ.

    (ii) 辺の集合 S が G のどのカットセットに対しても共通な辺を偶数本もつならば,S は辺素な閉路に分割できることを証明せよ.

5.13* グラフ G の辺の集合 E に G の閉路が含まれないとき,E は **独立** であるといわれる.次の (i) および (ii) を証明せよ.

    (i) 独立集合の部分集合はすべて独立である.

    (ii) 辺の独立集合 I と J が $|J| > |I|$ であるとき,J には含まれているが I には含まれていない辺 e で,しかも $I \cup \{e\}$ が独立集合であるという性質を満足する e が存在する.

また,「閉路」を「カットセット」でおきかえても (i) および (ii) が成立することを示せ．

§6 オイラー・グラフ

連結グラフ G のすべての辺を含む閉じた小道があるとき，G は**オイラー・グラフ** (Eulerian graph) と呼ばれる．このような小道は**オイラー小道**と呼ばれる．定義によりオイラー小道は各辺をちょうど1回だけ通る．オイラー・グラフでないグラフ G にすべての辺を含む小道があるとき，G を**半オイラー・グラフ** (semi-Eulerian graph) と呼ぶ．図6.1はオイラー・グラフであり，図6.2は半オイラー・グラフであり，図6.3はオイラー・グラフでない．G が連結であると仮定したのは，孤立点をもつグラフのようなつまらないケースを避けるためである．

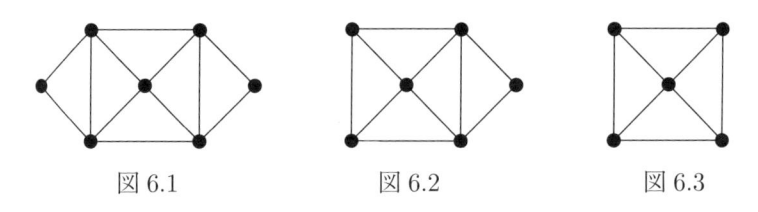

図 6.1　　　　　図 6.2　　　　　図 6.3

オイラー・グラフの問題は数学パズルの本によく出てくる．ペンを紙から離さずに，しかも同じ線を2度通ることなく与えられた図を描くことができるか，というのが典型的である．その名前の由来は，Euler がかの有名な **Königsberg の橋問題**を最初に解いたことによる．図6.4の7つの橋のすべてを，ちょうど1回ずつ通って出発点に戻れるかという問題である．図6.5のグラフにオイラー小道があるかという問題と同値である．Euler の論文の翻訳，およびそれに関連したトピックスは Biggs, Lloyd と Wilson の本[11]で見ていただきたい．

「オイラー・グラフであるための必要十分条件は何か」という疑問がすぐ起きるであろう．定理6.2でこれに解答を与えるが，その前に簡単な補題を証明しておく．

図 6.4　　　　　　　　図 6.5

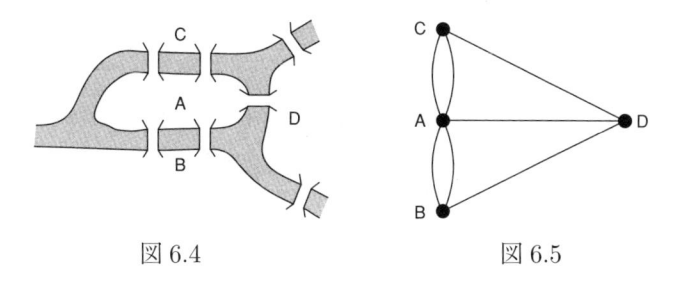

> **補題 6.1**　グラフ G の点の次数がすべて 2 以上であるとき，G には閉路がある．

[証明]　G にループや多重辺があるときには，明らかに閉路がある．よって G は単純グラフであると仮定できる．v は G の任意の点であるとする．v に隣接する任意の点 v_1 を選び，以下同様に $i \geq 1$ に対して v_i に隣接している v_{i-1} 以外の任意の点 v_{i+1} を選び，歩道 $v \to v_1 \to v_2 \to \cdots$ をつくる．v_{i+1} が存在することは仮定により保証される．G の点は有限個であるので，いずれは前に選んだ点をもう一度選ぶことになる．このような最初の点を v_k としたとき，歩道上の 2 つの v_k の間の部分は閉路になっている．□

> **定理 6.2** (Euler, 1736 年)　連結グラフ G がオイラー・グラフであるための必要十分条件は，G の点の次数がすべて偶数であることである．

[証明]　$\Rightarrow$ G のオイラー小道を P としよう．P がある点を 1 回通過するごとに，その点の次数として 2 を加えることにする．すべての辺は P にちょうど 1 回含まれるので，各点で上の和はその点の次数に等しく，しかもそれは偶数である．

$\Leftarrow$ この証明は G の辺の本数に関する帰納法による．各点の次数は偶数であるとする．G は連結であるので，どの点の次数も 2 以上であり，補題 6.1 により G には閉路 C がある．C に G のすべての辺が含まれている場合には，証明は終わったことになるので，そうでないとする．G から C の辺をすべて除去して

得られる新しいグラフを H とする．(H は非連結かもしれない．) H の辺数は G より少なくなっており，どの点の次数も偶数である．帰納法の仮定により，H の各成分にはオイラー小道がある．G の連結性により，H の各成分は C と少なくとも 1 つの点を共有しているので，G のオイラー小道が次のようにしてつくれる．C の辺をたどり，H の孤立点でない点が現われたならば，その点を含む H の成分のオイラー小道をたどってその点に戻り，また C の辺をたどることを続けて，H の他の成分の点が現われたならば上と同じことをする．これを繰り返す．終了したときに出発点に戻る (図 6.6)．□

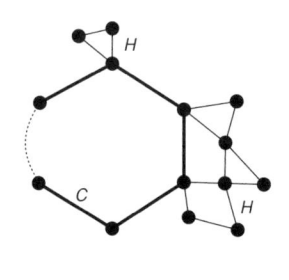

図 6.6

上に述べた証明を修正して，次の 2 つの結果を証明するのは容易である．詳細は省略する．

系 6.3 連結グラフがオイラー・グラフであるための必要十分条件は，その辺集合が互いに素な閉路に分割できることである．

系 6.4 連結グラフが半オイラー・グラフであるための必要十分条件は，ちょうど 2 個だけ奇数次の点があることである．

任意の半オイラー小道は奇数次の点の 1 つを始点とし他方を終点としなければならない．また，握手補題により，奇数次の点が 1 個しかないということはない．

オイラー・グラフの議論の最後として，オイラー・グラフが与えられたとき

に，そのオイラー小道をつくるアルゴリズムを与えよう．この方法は **Fleury のアルゴリズム** として知られている．

定理 6.5　G はオイラー・グラフとする．次の構成法はいつでも実行可能であり，結果として G のオイラー小道をつくる．

　任意の点 u から出発して，次の規則に従う限り自由に辺をたどれ．

(i) たどった辺は除去せよ．もし孤立点が生じたらそれも除去せよ．
(ii) どの段階でも，他にたどる辺がない場合以外は橋をたどるな．

[証明]　まず最初にどの段階でも上の構成法が続行できることを示そう．点 v に到達したと仮定しよう．$v \neq u$ ならば，まだ残っている部分グラフ H は連結であり，2個の点 u と v だけが奇数次である．構成法が続行可能であることを示すためには，次の辺を除去しても H が非連結にならない，あるいは同じことであるが，v には高々1本の橋しか接続していないことを示さねばならない．そうでないとすると，橋 vw があり，$H - vw$ の w を含む成分 K は u を含まない (図 6.7 を見よ)．点 w は K において奇数次であるので，K には他にも奇数次の点があるはずであり，矛盾が得られた．$v = u$ の場合も，u に接続する辺が残っている限りは，証明はほとんど同じである．

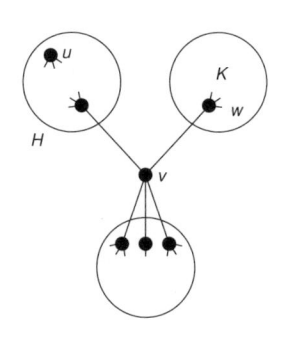

図 6.7

あとは，構成法で完全なオイラー小道がいつでも得られることを示せばよい．しかしこれは明らかである．なぜならば，u に接続している最後の辺が用いられるとき，G にはたどられていない辺が残っていないからである．というのは，残っているとすると，これらの辺に隣接している辺で以前にたどられた辺のあるものを除去したとき，そのグラフは非連結になったはずであり，これは (ii) に矛盾する． □

演 習 6

6.1^s　次のグラフはオイラー・グラフあるいは半オイラー・グラフであるか．
　　(i) 完全グラフ K_5
　　(ii) 完全二部グラフ $K_{2,3}$
　　(iii) 正立方体グラフ
　　(iv) 正八面体グラフ
　　(v) ピータスン・グラフ

6.2^s　図 2.9 のグラフから，オイラー・グラフと半オイラー・グラフをすべて探せ．

6.3　(i) どんな n に対して K_n はオイラー・グラフになるか．
　　(ii) 完全二部グラフのどんなのがオイラー・グラフであるか．
　　(iii) プラトン・グラフのどれがオイラー・グラフか．
　　(iv) どんな n に対して車輪 W_n はオイラー・グラフか．
　　(v) どんな k に対して k-立方体 Q_k がオイラー・グラフか．

6.4^s　連結グラフ G には奇数次の点が $k(>0)$ 個あるとする．
　　(i) 互いに共通な辺をもたない何本かの小道に，G のすべての辺が含まれるようにするとき，そのような小道の最小数は $\frac{1}{2}k$ であることを示せ．
　　(ii) 同じ線を 2 度通らずに図 6.8 の図を描くには，何筆必要か．

6.5^s　Fleury のアルゴリズムを用いて，図 6.9 に示したグラフのオイラー小道をつくれ．

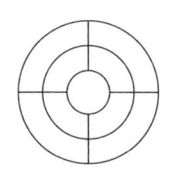

図 6.8

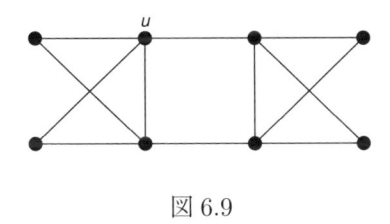

図 6.9

6.6 (i) 単純オイラー・グラフの線グラフはオイラー・グラフであることを示せ．
(ii) 単純グラフ G の線グラフがオイラー・グラフであるならば，G もオイラー・グラフでなければならないか．

6.7 オイラー・グラフで，そのある点 v から出発する限りは，同じ辺を 2 度通らないようにして勝手な方向に辺をたどれば，しまいにはオイラー小道が得られるとき，そのグラフは点 v から**任意周回可能** (randomly traceable) であるという．
(i) 図 6.10 のグラフは任意周回可能であることを示せ．
(ii) オイラー・グラフではあるが，任意周回可能ではないグラフの一例を与えよ．
(iii) 任意周回可能グラフが展示会の設計に向いているのはなぜか．

6.8* グラフ G に関連したベクトル空間を V とする (演習 2.15 を見よ)．
(i) 系 6.3 を用いて次のことを示せ: C および D が G の閉路であるならば，その直和 $C + D$ は辺素な閉路の和として書ける．
(ii) このような閉路の和全部の集合は，V の部分空間 W (G の**閉路部**

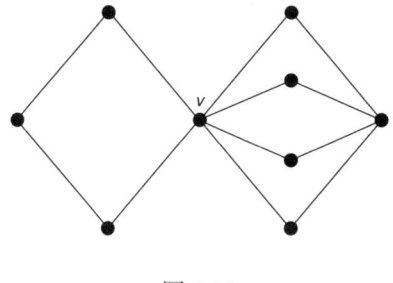

図 6.10

分空間 と呼ばれる) をなすことを示し，その次元を求めよ．
(iii) G の辺素なカットセットの和全部の集合は，V の部分空間 W^* (G のカットセット部分空間 と呼ばれる) をなすことを示し，その次元を求めよ．

§7 ハミルトン・グラフ

前節では，与えられた連結グラフ G にすべての辺を通る閉じた小道が存在するかどうかという問題を考えた．これと似ているのは，G の各点をちょうど一度だけ通る閉じた小道が存在するかどうかという問題である．明らかにこのような小道は閉路でなければならない (ただし，G が N_1 であるような自明なケースは除く)．このような閉路が存在するとき，その閉路をハミルトン閉路 (Hamiltonian cycle) といい，G はハミルトン・グラフ と呼ばれる．すべての点を通る道があるグラフは半ハミルトン・グラフ (semi-Hamiltonian graph) と呼ばれる．図 7.1 はハミルトン・グラフであり，図 7.2 は半ハミルトン・グラフであり，図 7.3 はハミルトン・グラフでない．

「ハミルトン閉路」の名前は，William Hamilton 卿が正十二面体のグラフにこのような閉路が存在するかを調べたという事実に由来する．もっとも，それ以前にもより一般的な問題として T. P. Kirkman 師によって研究されていた．このような閉路を図 7.4 の太線の辺で示す．

定理 6.2 と系 6.3 ではオイラー・グラフの必要十分条件が与えられたので，ハミルトン・グラフについても，同様な特徴づけができるだろうと期待するかも

図 7.1　　　　　図 7.2　　　　　図 7.3

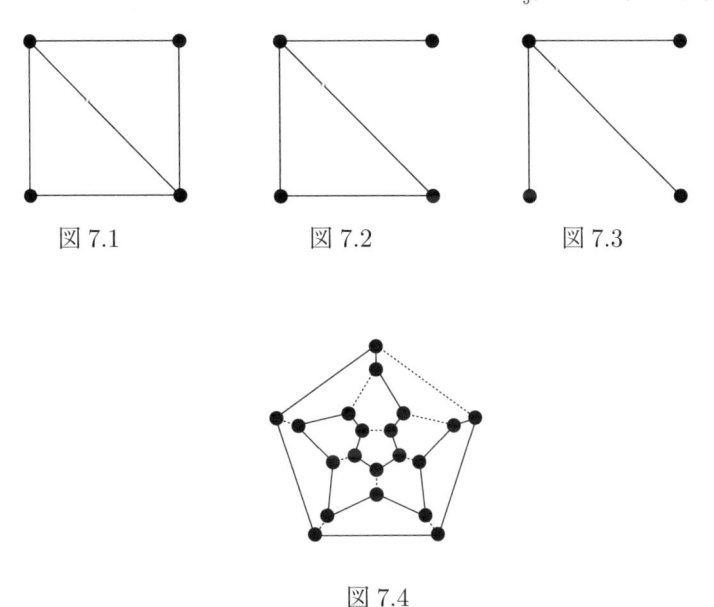

図 7.4

しれないが，そのような特徴づけを見つけることはグラフ理論の主要な未解決問題である．実際のところ，ハミルトン・グラフについてはほんの少ししかわかっていない．知られいてる定理のほとんどは「G に十分多くの辺があれば，G はハミルトンである」という形をしている．たぶん，これらのうちで一番有名なのは G. A. Dirac により与えられたもので，**Diracの定理** として知られている．次に示す O. Ore の結果はより一般的であるので，それから導いてみよう．

定理 7.1 (Ore, 1960 年)　　単純グラフ G には $n(\geq 3)$ 個の点があるとする．隣接していない任意の 2 点 v と w について

$$\deg(v) + \deg(w) \geq n$$

が成立するとき，G はハミルトン・グラフである．

[証明]　定理は偽であると仮定して，矛盾を導こう．よって G はハミルトン・グラフではないが，n 個の点をもち，点次数に関する上の条件を満足するとする．

もし必要ならば辺をつけ加えて，G はハミルトンでない「ぎりぎり」であると仮定してよい．すなわち，もう 1 本どんな辺をつけ加えてもハミルトン・グラフになってしまうという意味である．(辺をつけ加えても点次数に関する条件がくずれることはない．) したがって，G にはすべての点を含む道 $v_1 \to v_2 \to \cdots \to v_n$ がある．しかし G はハミルトン・グラフではないので，v_1 と v_n は隣接していない．よって $\deg(v_1) + \deg(v_n) \geq n$ である．したがって，点 v_i は v_1 に隣接し，点 v_{i-1} は v_n に隣接するような，2 つの点 v_i と v_{i-1} が存在する (図 7.5 を見よ)．このとき G には

$$v_1 \to v_2 \to \cdots \to v_{i-1} \to v_n \to v_{n-1} \to \cdots \to v_{i+1} \to v_i \to v_1$$

なるハミルトン閉路があることになり，矛盾である．□

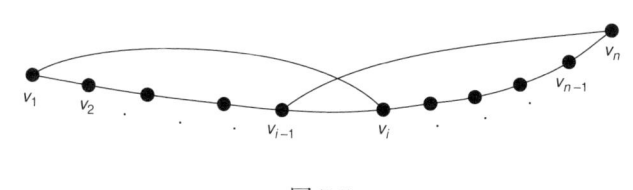

図 7.5

系 7.2 (Dirac 1952 年) 単純グラフ G に $n(\geq 3)$ 個の点があるとする．すべての点 v について $\deg(v) \geq \frac{1}{2}n$ ならば，G はハミルトン・グラフである．

[証明] 隣接しようがなかろうが，任意の 2 点 v と w について $\deg(v)+\deg(w) \geq n$ であるので，定理 7.1 から直ちに証明できる．□

演 習 7

7.1^s 次のグラフのうちどれがハミルトンで，どれが半ハミルトンか．
 (i) 完全グラフ K_5
 (ii) 完全二部グラフ $K_{2,3}$

(iii) 正八面体グラフ
(iv) 車輪 W_6
(v) 4-立方体 Q_4

7.2^s 図 2.9 のグラフから，ハミルトン・グラフと半ハミルトン・グラフをすべて探せ．

7.3 (i) どんな値の n に対して K_n はハミルトン・グラフか．
(ii) どんな完全二部グラフがハミルトンか．
(iii) どんなプラトン・グラフがハミルトンか．
(iv) どんな値の n に対して車輪 W_n はハミルトンか．
(v) どんな値の k に対して k-立方体 Q_k はハミルトンか．

7.4 図 7.6 の Grötzsch グラフはハミルトンであることを示せ．

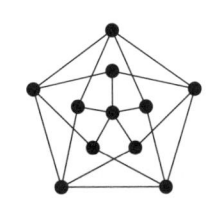

図 7.6

7.5 (i) 次のことを証明せよ：二部グラフ G に奇数個の点があるとき，G はハミルトン・グラフでない．
(ii) 図 7.7 のグラフはハミルトン・グラフではないことを証明せよ．
(iii) n が奇数であるとき，$n \times n$ のチェス盤上のすべての正方形をナイトがちょうど 1 回ずつ通って出発点に戻ることは不可能であることを示せ．

7.6^s Dirac の定理の命題で条件 "$\deg(v) \geq \frac{1}{2}n$" を "$\deg(v) \geq \frac{1}{2}n - 1$" でおきかえるわけにはいかないことを例をもって示せ．

7.7 (i) グラフ G には n 個の点があり，$[\frac{1}{2}(n-1)(n-2)] + 2$ 本の辺があ

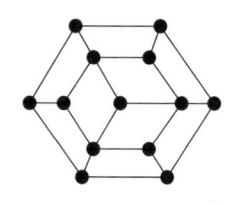

図 7.7

  るとする．定理 7.1 を利用して，G はハミルトン・グラフであることを証明せよ．
  (ii) n 個の点をもち，$[\frac{1}{2}(n-1)(n-2)]+1$ 本の辺をもつが，ハミルトン・グラフでないグラフを見つけよ．

7.8* ピータスン・グラフはハミルトン・グラフではないことを証明せよ．

7.9* G はハミルトン・グラフであるとして，S は G の k 個の点からなる任意の集合とする．グラフ $G-S$ の成分は k 個以下であることを証明せよ．

7.10* (i) K_9 には互いに共通な辺をもたない 4 つのハミルトン閉路が存在することを示せ．
  (ii) K_{2k+1} に辺素なハミルトン閉路は最大何個あるか．

§8 アルゴリズム

 グラフ理論の重要な部分は実用的な問題を解決する試みの結果として生じている．3 つだけ例をあげれば，Euler と Königsberg の橋 (§6)，Cayley と化学分子の数え上げ (§11)，電気回路に関する Kirchhoff の仕事 (§11) がある．グラフ理論が今日多くの人々の興味をひくのは，理論して数学的にエレガントであることとは全く無関係に，広い分野で応用されているからである (原著者序文を見よ)．本書の限られたページ数では，多くの応用について詳しく議論することはできない．したがって，読者は Berge[6]，Bondy と Murty[7]，Deo[13]，Tucker[20]，Wilson と Beineke[21] にあるすぐれた説明を参照されたい．これらの本には，各

種各様の応用が載っているほか，実用的な問題を解くためのアルゴリズムやフローチャートが与えられていることが多い．

本節では，この章の題材に関係する次の3つの問題について，手短かに説明する．すなわち，**最短路問題**，中国の**郵便配達員問題**と**巡回セールスマン問題**である．最初にあげた最短路問題は，効率のよい**アルゴリズム**によって解くことができる．つまり有限かつ着実な手続きによって直ちに解を得ることができる．2番目の中国の郵便配達員問題もアルゴリズムにより解決できるが，ここでは特別なケースのみを考える．3番目にあげた巡回セールスマン問題に対しては，効率のよいアルゴリズムがまだ知られていない．そのため，実行に時間がかかるアルゴリズムか，あるいは直ちに実行できるが近似解しか得られないような発見的アルゴリズムのどちらかを選択しなければならない．

最短路問題

図 8.1 に示すような「地図」があったと仮定しよう．そこで文字 $A \sim L$ は町を表わし，それらは道路で結ばれている．道路の長さが図のようになっているとき，A から L へ行く最短路 (道) の長さはいくらか．

図 8.1

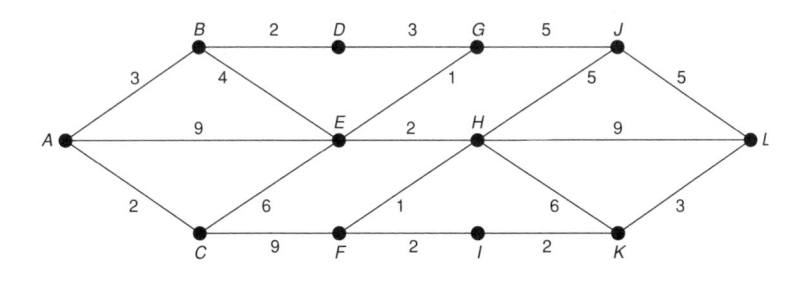

図の数字は必ずしも道路の長さを表わしているとは限らず，その道路を通るのにかかる時間とか，あるいはそれにかかる費用とかを表わしてもよい．したがって，最短路問題を解く方法が見つかれば，同じ方法で最小時間や最小費用のルートを見つけることができる．

A から L までの任意の道を選んでその長さを計算すれば，答えの上界が容易

に得られることに注意しよう．例えば，道 $A \to B \to D \to G \to J \to L$ の長さは 18 であるので，最短路の長さは 18 を越えることはない．

このような問題では，この地図を各辺に非負実数値が割り当てられている連結グラフと見ることができる．このようなグラフは**重みつきグラフ** (weighted graph) と呼ばれ，各辺 e に割り当てられた数値は e の**重み** (weight) と呼ばれ，$w(e)$ と書かれる．このとき，上の問題は A から L までの道で重みの合計が最小な道を見つけよということである．もし各辺の重みが 1 ならば，その問題は A から L へ行くのに必要な辺の最小数を求めることに帰着される．

この問題を解く方法がいくつかある．最もやさしそうな方法は，地図の模型をつくることである．すなわち，道路の長さに比例した長さに糸を切り，それらを結び合わせる．そして，A および L に対応する結び目を引っ張れば，最短路が見つかる．

しかし，この問題を解くのにもっと数学的な手法がある．そのアイディアは，グラフ上を左 (A) から右 (L) へ移動しながら，各点 V に A から V までの最短距離 $l(V)$ を与えていくことである．具体的には，ある点 V，例えば図 8.1 の K に到達したとき，$l(H)+6$ または $l(I)+2$ のどちらか小さい方を $l(K)$ として K に与える．

上のアルゴリズムを実行するためには，まず A にラベル 0 をつけ，B, E および C に仮ラベルとしてそれぞれ $l(A)+3=3, l(A)+9=9$ および $l(A)+2=2$ をつける．次に，これらのうちで**一番小さいもの**を選び，$l(C)=2$ と書く．C には永久ラベル 2 がついたことになる．

次のステップでは，C に隣接するすべての点について調べる．F には仮ラベル $l(C)+9=11$ をつけ，E では前につけた仮ラベルを $l(C)+6=8$ に下げる．ここで，最小な仮ラベルは $(B$ の$)3$ であるので，$l(B)=3$ と書く．B には永久ラベル 3 がついたことになる．

次に B に隣接している点をすべて調べる．D に仮ラベル $l(B)+2=5$ をつけ，E の仮ラベルを $l(B)+4=7$ に下げる．そのとき最小な仮ラベルは $(D$ の$)5$ であるので，$l(D)=5$ と書く．D には永久ラベル 5 がついたことになる．

このように続けていけば，永久ラベル $l(E)=7, l(G)=8, l(H)=9, l(F)=10, l(I)=12, l(J)=13, l(K)=14, l(L)=17$ が順次得られる．よって，A から L へ行く最短路の長さは 17 である．図 8.2 では各点のラベル $l(v)$ を円で囲

んで示した．

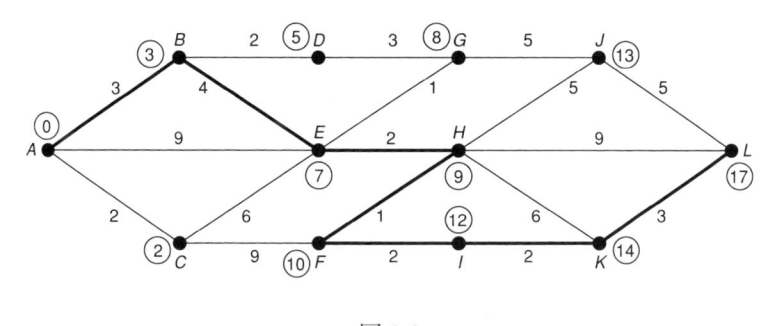

図 8.2

§22 で示すように，この方法を適用して，(ある種の) 有向グラフの**最長路** が見つかり，臨界道解析に利用できる．

中国の郵便配達員問題

　この問題は中国の数学者管梅谷 によって議論されたもので，郵便配達員が手紙を配達するときに，できるだけ短い距離を歩いて出発点に戻るルートを求める問題である．担当区域内の各道路を少なくとも 1 回はたどらなければならないので，2 回以上通る道が多くならないようにしたい．

　この問題は重みつきグラフを用いて定式化できる．道路網に対応するグラフを考え，その辺の重みは対応する道路の長さであるとすればよい．この定式化では，すべての辺を含む閉じた歩道で，重みの合計ができるだけ小さいのを見つけることになる．

　問題のグラフがオイラー・グラフならば，任意のオイラー小道が求めるべき閉じた歩道である．このオイラー小道は Fleury のアルゴリズムで見つけることができる (§6 を見よ)．問題のグラフがオイラー・グラフでない場合には，少し難しくなるが，その解を求めるよいアルゴリズムが知られている．そのアイディアを説明するために，奇数次の点が 2 個しかないという特別な場合について調べてみよう (図 8.3 を見よ)．

　点 B と E だけが奇数次であるので，B から E へ行く半オイラー道が見つか

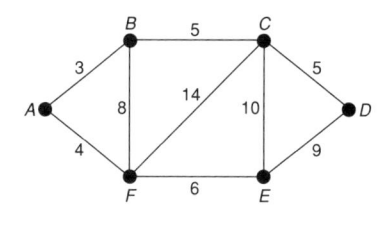

図 8.3

る．それには各辺が 1 回ずつ含まれている．そこで，できるだけ短い距離を歩いて出発点に戻ればよいので，E から B へ行く最短路を上に述べた方法を用いて見つければよいことになる．よって，中国の郵便配達員問題の解は，この E から B への最短路 $E \to F \to A \to B$ と先の半オイラー小道を合わせれば得られ，合計の距離は $13 + 64 = 77$ になる．最短路と半オイラー小道を組み合わせればオイラー・グラフが得られることに注意しよう (図 8.4 を見よ)．中国の郵便配達員問題の完全な議論は，Bondy と Murty[7] に載っている．

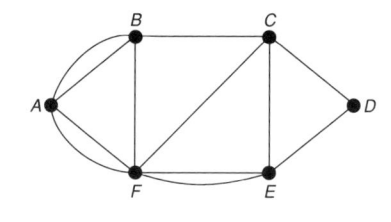

図 8.4

巡回セールスマン問題

この問題では，巡回セールスマンが決められたいくつかの町をまわって出発点に戻るのであるが，可能な限り合計距離を短くしたい．例えば，5 つの町 A, B, C, D, E があり，その間の距離が図 8.5 のように与えられているならば，最短ルートは $A \to B \to D \to E \to C \to A$ であり，その合計距離が 26 であることは，図を見て少し考えれば直ちにわかるであろう．

図 8.5

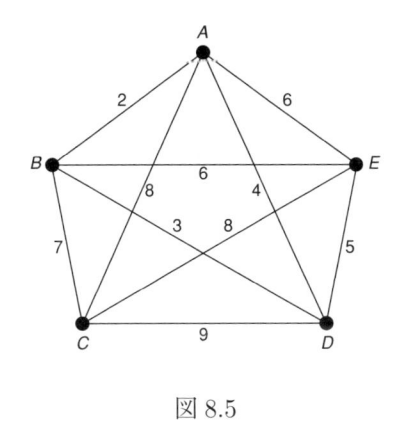

　この問題は重みつきグラフを用いて定式化できる．すなわち，重みつき完全グラフで，重みの合計ができるだけ小さいハミルトン閉路を求めればよい．最短路の場合と全く同様に，辺の重みを旅行にかかる時間としてもよいし，費用としてもよい．したがって，定式化した巡回セールスマン問題を解く効率のよいアルゴリズムが見つかれば，同じアルゴリズムを適用して，最小時間あるいは最小費用のルートを求めることができる．

　可能なハミルトン閉路すべてに対して，総距離を計算して比べるというのも1つのアルゴリズムではあるが，町の数がおよそ5個より多い場合にはあまりにも複雑になる．例えば，町の数が20個あると，可能なハミルトン閉路の数は$(19!)/2$個あり，約6×10^{16}にもなる．他にも種々のアルゴリズムが提案されたが，いずれも時間がかかりすぎる．一方，近似的に最小距離を求めるきわめてうまい手法がある．この一例を§11で述べる．

演 習 8

8.1^s　　最短路アルゴリズムを用いて，図8.6の重みつきグラフのAからGへ行く最短路を求めよ．

8.2　　最短路アルゴリズムを用いて，図8.1のLからAへ行く最短路を見つけ，それが，図8.2で与えたのと一致することを確かめよ．

図 8.6

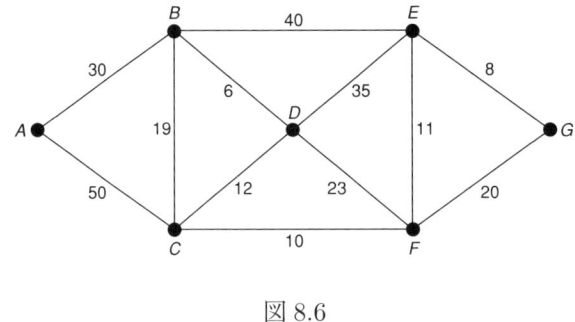

8.3　図 8.1 の A から L へ行く**最長**な道を見つけるには，最短路アルゴリズムをどのように適用したらよいか．

8.4*　図 8.7 の重みつきグラフの S から残りの各点へ行く最短路を見つけよ．

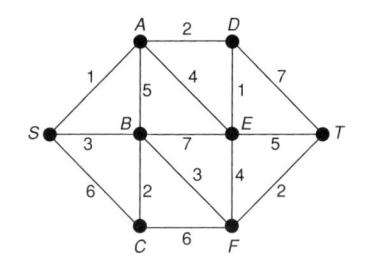

図 8.7

8.5^s　図 8.8 の重みつきグラフに対して，中国の郵便配達員問題を解け．

8.6^s　図 8.9 の重みつきグラフに対して，巡回セールスマン問題を解け．

8.7　図 8.5 のグラフで重みが最大のハミルトン閉路を見つけよ．

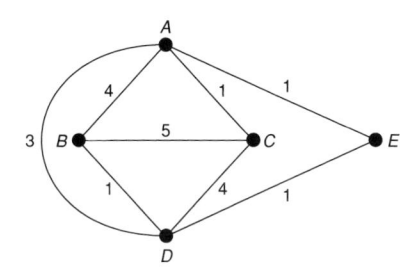

図 8.8

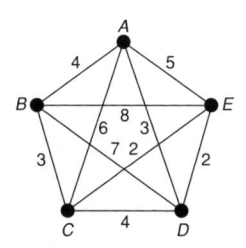

図 8.9

第4章　木

　よく見かける家系図は木の一例である．この章では一般的な木について調べるが，特に，連結グラフの全域木について，そしてラベルつき木の数え上げに関するCayleyの有名な定理について詳しく述べる．最後の節では，いくつか応用例について述べる．

§9　木の性質

　閉路を含まないグラフを林 (forest) と定義し，連結な林を木 (tree) と呼ぶ．例えば図 9.1 に示したのは林であって，4つの成分からなり，各成分は木である†．定義により木および林は単純グラフであることに注意しよう．

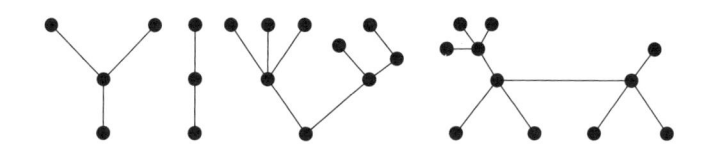

図 9.1

　いろいろな意味において，木は自明でないタイプのグラフで最も単純なグラフである．例えば任意の2点が1つの道で結ばれているというような「うまい」性質を木はもっている．そのため，グラフのある結果を証明するとき，まず木について証明してみるとよい．実際，いくつかの予想問題は任意のグラフに対しては証明されていないが，木に対しては正しいことが知られている．

---

†図 9.1 の右端の木が特に有名なのは，吠えるからである．

木の簡単な性質のいくつかを次の定理にあげておく．

> **定理 9.1** グラフ T に点が n 個あるとする．次の命題は同値である．
>
> (i) T は木である．
> (ii) T に閉路はなく，辺が $n-1$ 本ある．
> (iii) T は連結であり，辺が $n-1$ 本ある．
> (iv) T は連結であって，すべての辺は橋である．
> (v) T の任意の 2 点を結ぶ道はちょうど 1 本である．
> (vi) T に閉路はないが，新しい辺をどのようにつけ加えても閉路ができ，しかも 1 個の閉路ができる．

[証明] $n=1$ ならば 6 つの命題は自明であるので，$n \geq 2$ と仮定する．

(i) ⇒ (ii)：定義により T には閉路がないので，任意の辺を除去すると T は 2 つのグラフに分離されて，どちらの成分も木である．帰納法により，これら 2 つの木の各々の辺の本数は，点の個数より 1 だけ小さいことがいえる．これから T の辺の本数は $n-1$ であることがいえる．

(ii) ⇒ (iii)：もし T が非連結ならば，T の各連結成分は閉路のない連結グラフであるので，上述のように，各成分の点数は辺数より 1 だけ多い．よって T の点数の合計は辺数の合計より 2 以上多いことになり，T に辺が $n-1$ 本あるという事実に矛盾する．

(iii) ⇒ (iv)：T の任意の辺を除去してできるグラフには，n 個の点と $n-2$ 本の辺があり，定理 5.2 によりそれは非連結でなければならない．

(iv) ⇒ (v)：T は連結であるので，任意の 2 点は 1 本以上の道で結ばれている．もし 2 本の道で結ばれている 2 点があれば，閉路が存在するので，すべての辺が橋であるという事実に反する．

(v) ⇒ (vi)：もし T に閉路があれば，その閉路の任意の 2 点は 2 本以上の道で結ばれていることになり，(v) に矛盾する．1 本の辺 e を T につけ加えると，e の両端点は T においてすでに結ばれているので，閉路ができてしまう．1 つしか閉路ができないことは演習 5.11 から得られる．

(vi) ⇒ (i)：T は非連結であると仮定する．T の 1 つの成分の点と他の成分の

点を結ぶ辺を付加しても，閉路はできない．□

> **系 9.2** 林 G には n 個の点と k 個の成分があるとすると，G には $n-k$ 本の辺がある．

[証明] 上の定理 9.1(iii) を G の各成分に適用せよ．□

握手補題により，木の n 個の点の次数を合計すると辺数の 2 倍，すなわち $2n-2$ になる．よって，$n \geq 2$ ならば n 点の木には**端点が少なくとも 2 個ある**ことがわかる．

連結グラフ G が与えられたとき，閉路を選びその 1 本の辺を除去しても，残りのグラフは連結である．閉路がなくなるまでこのことを続けると，残りのグラフは木であり，G のすべての点を連結している．これを G の**全域木** (spanning tree) と呼ぶ．グラフとその全域木の例を図 9.2 に示す．

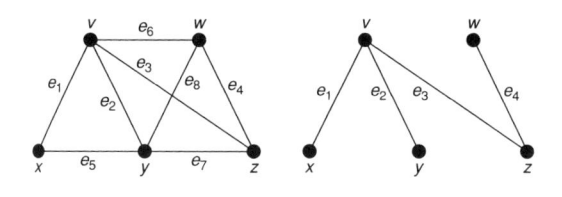

図 9.2

より一般的には，G は任意のグラフとして，n 個の点と m 本の辺と k 個の成分があるとして，G の各成分に対して上の手続きを実行して得られるグラフを**全域林** (spanning forest) と呼ぶ．上の過程で除去される辺の本数は G の**閉路階数** (cycle rank) と呼ばれ，$\gamma(G)$ と書かれる．$\gamma(G) = m - n + k$ であることに注意したい．定理 5.2 により，$\gamma(G)$ は負でない整数である．全域木の辺の本数を**カットセット階数** (cutset rank) と定義すると便利である．それは $\xi(G)$ と表わされ，$\xi(G) = n - k$ である．カットセット階数の 2,3 の性質を演習 9.12 に与えておく．

ここで，全域木に関する簡単な結果を 2 つ証明しておこう．この定理におい

て，全域木 T の補グラフとは，単に G から T の辺を除去して得られるグラフのことである．

> **定理 9.3** T がグラフ G の全域林であるならば，
>
> (i) G のすべてのカットセットは T と共通な辺をもつ．
> (ii) G のすべての閉路は T の補グラフと共通な辺をもつ．

[証明] (i) C^* を G のカットセットとする．それを除去すると，G のある成分が 2 つの部分グラフ H と K に分離するとしよう．このとき，T は全域林であるので，H の点と K の点を結ぶ辺が T に含まれているはずであり，それが所望の辺である．

(ii) C は G の閉路であり，T の補グラフと共通な辺をもたないとする．このとき C は T に含まれてしまい，矛盾である．□

全域林 T の考えと密接に関係しているのは，T に関連した基本閉路集合の概念である．それは次のようにしてつくられる．T に含まれていない G の任意の辺を T に付加すると，定理 9.1 の命題 (vi) により閉路が 1 つできる．このようにして (すなわち，T に含まれていない G の各辺を個別に付加して) できる閉路全体の集合が **T に関連した基本閉路集合** (fundamental set of cycles associated with T) と呼ばれる．どの全域林が選ばれたかということは問題にならないことがままあり，そのときは単に **G の基本閉路集合** という．基本集合の中の閉路の個数は G の閉路階数に等しいことに注意しよう．図 9.2 の左のグラフの基本閉路集合で，右の全域木に関連したのを図 9.3 に示す．

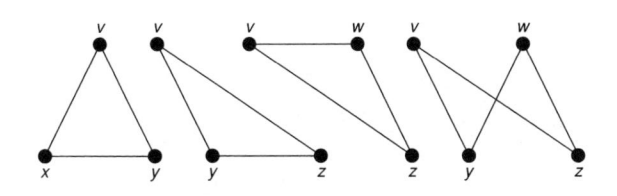

図 9.3

§5の最後に述べた注意からして，基本カットセット集合が全域木 T に関連して定義できそうに思われる．事実，定義できることをこれから示そう．定理9.1の命題 (iv) により，T の任意の辺を除去すると T の点集合は互いに素な2つの点集合 V_1 と V_2 に分割される．V_1 の点と V_2 の点を結ぶ G の辺のすべてからなる集合は G のカットセットであり，このようにして (すなわち，T の各辺を除去して) 得られるカットセット全体の集合は，**T に関連した基本カットセット集合** と呼ばれる．基本カットセット集合の個数は G のカットセット階数に等しいことに注意しよう．図9.2の左のグラフの基本カットセット集合で，右の全域木に関連しているのは $\{e_1, e_5\}, \{e_2, e_5, e_7, e_8\}, \{e_3, e_6, e_7, e_8\}, \{e_4, e_6, e_8\}$ である．

演 習 9

9.1^s　図2.9のグラフから木をすべて見つけよ．

9.2^s　(同形のものを除いて) 6点の木が6種類，7点の木が11種類ある．描画してみよ．

9.3　(i) 木はすべて二部グラフであることを証明せよ．
　　　(ii) どんな木が完全二部グラフか．

9.4^s　図9.4のグラフの全域木をすべて描け．

9.5　図9.5のグラフの全域木をすべて描け．

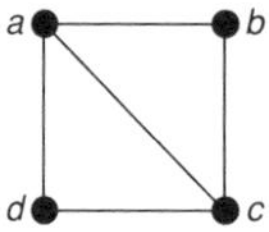

図 9.4 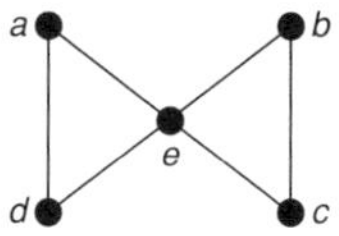　　　　　図 9.5

9.6^s　図9.6のグラフに対し，太線で示した全域木に関連した基本閉路集合およびカットセット集合を見つけよ．

9.7　次のグラフの閉路およびカットセット階数を計算せよ．
　　(i) K_5　(ii) $K_{3,3}$　(iii) W_5　(iv) N_5　(v) ピータスン・グラフ

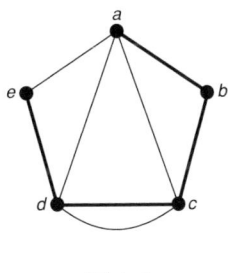

図 9.6

9.8^s G は連結グラフとする．次の (i), (ii) について何がわかるか．
(i) すべての全域木に現われる辺
(ii) 全域木に全然現われない辺

9.9 G が連結グラフであるとき，G の**中心** (centre) とは次のような点 v のことである: v と G の他の点の間の距離の最大値ができるだけ小さい．端点を除去する操作を続けて，どんな木でも中心は 1 つあるいは 2 つしかなく，2 つあるときは隣接していることを証明せよ．7 点の木で中心が 1 つの木と 2 つの木を例示せよ．

9.10*   (i) グラフ G の辺の，ある集合を C^* とする．どの全域林にも C^* と共通な辺があるならば，C^* にはカットセットが含まれることを示せ．
(ii) 閉路について同様な結果を示せ．

9.11 T_1 と T_2 は連結グラフ G の全域木とする．
(i) e が T_1 の任意の辺であるとき，T_1 の辺 e を f でおきかえたグラフ $(T_1 - \{e\}) \cup \{f\}$ もまた全域木になるような，T_2 の辺 f が存在することを示せ．
(ii) T_1 は T_2 に「変換」できることを示せ．ただし，T_1 の辺の 1 つを T_2 の辺でおきかえる各段階において，全域木になっているものとする．

9.12* H と K はグラフ G の部分グラフであり，$H \cup K$ および $H \cap K$ は自然な意味で定義されるとき，カットセット階数 ξ は次の (i)〜(iii) を満足

することを示せ．
  (i) $0 \leq \xi(H) \leq |E(H)|$ （H の辺数）
  (ii) H が K の部分グラフであるとき $\xi(H) \leq \xi(K)$
  (iii) $\xi(H \cup K) + \xi(H \cap K) \leq \xi(H) + \xi(K)$

9.13* 単純連結グラフ G に関連したベクトル空間を V とし，G の全域木を T とする．
  (i) T に関連した基本閉路集合は閉路部分空間 W の基をなすことを示せ．
  (ii) カットセット部分空間 W^* に対して同様な結果を得よ．
  (iii) W の次元は $\gamma(G)$ であり，W^* の次元は $\xi(G)$ であることを示せ．

§10 木の数え上げ

グラフに関する数え上げの分野で扱うのは，ある指定された性質をもつが同形ではないグラフが何個あるかを求める問題である．この分野は Arthur Cayley により 1850 年代に始められた．彼が後に応用した問題に，n 個の炭素原子をもつアルカン $C_n H_{2n+2}$ を数え上げるというのがある．この問題は，n 個の点の次数が 4 であり，残りの $2n+2$ 個の点の次数が 1 であるような木の個数を数える問題として表現できることに Cayley は気づいた．これは §11 で明らかにする．

グラフ数え上げの標準的な問題の多くはすでに解かれている．例えば，ある定められた個数の点および辺をもつグラフ，連結グラフ，木，オイラー・グラフなどの個数は計算できる．しかしながら，平面的グラフやハミルトン・グラフに関するそのような結果はいまだ得られていない．既知の結果の多くは，Pólya による基本的な数え上げ定理を利用して得られるが，残念なことにほとんどすべての場合，簡単な公式で表現することはできない．なお，その定理については Harary と Palmer の本 [30] がわかりやすい．既知の結果のいくつかは付録の表を参照されたい．

図 10.1 を考えてみよう．そこでは 4 つの点上の木を 3 通りにラベルづけしてある．2 番目のラベルつき木は 1 番目を左右反転したものであり，これら 2 つのラベルつきグラフは同じである．一方，このどちらも 3 番目のラベルつき

木とは同形ではない．これは点 v_3 の次数を考えればわかる．このように，ラベルつき木の反転したものは新しい木ではなく，この木のラベルづけの総数は $\frac{1}{2}(4!) = 12$ であることがわかる．同様にして，図 10.2 に示したグラフのラベルづけの総数は 4 である．なぜならば，中央の点のラベルづけは 4 通りあり，これでラベルづけが定まるからである．このようにして 4 点のラベルつき非同形木の総数は $12 + 4 = 16$ である．

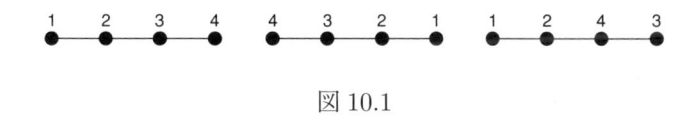

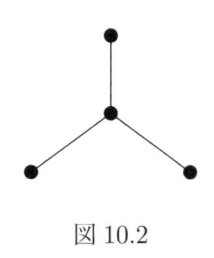

図 10.1

図 10.2

このことを n 点のラベルつき木に一般化した **Cayley の定理** を今から証明しよう．

定理 10.1 (Cayley 1889 年)　n 点の異なるラベルつき木は n^{n-2} 個ある．

[注意]　これから述べる証明は Prüfer と Clarke によって与えられた．他にもいくつかの証明法がある．Moon[31] を見よ．

[第 1 の証明]　n 点のラベルつき木の集合と記号の順序列 $(a_1, a_2, \cdots, a_{n-2})$ の集合を一対一対応させることを考える．ただし，各 a_i は整数であり，$1 \leq a_i \leq n$ とする．このような記号列は確かに n^{n-2} 個あるので，一対一対応ができれば，直ちに定理が得られることになる．$n = 1$ または 2 の場合は自明であるので，$n \geq 3$ と仮定してよい．

所望の対応をつくるために，まず T は n 点のラベルつき木であるとして，記号列の割り当て方を示そう．端点のラベルで最小なのを b_1 とし，端点 b_1 に隣接している点のラベルを a_1 とする．点 b_1 とその接続辺を除去すると，$n-1$ 個の点のラベルつき木となる．この新しい木の端点でラベル最小なのを b_2 とし，点 b_2 に隣接している点のラベルを a_2 とし，前と同様に点 b_2 とその接続辺を除去する．2つの点になるまでこれを続けたとき，所望の記号 $(a_1, a_2, \cdots, a_{n-2})$ が得られる．例えば図 10.3 のラベルつき木 T では，$b_1 = 2, a_1 = 6, b_2 = 3, a_2 = 5, b_3 = 4, a_3 = 6, b_4 = 6, a_4 = 5, b_5 = 5, a_5 = 1$ である．記号は $(6, 5, 6, 5, 1)$ である．

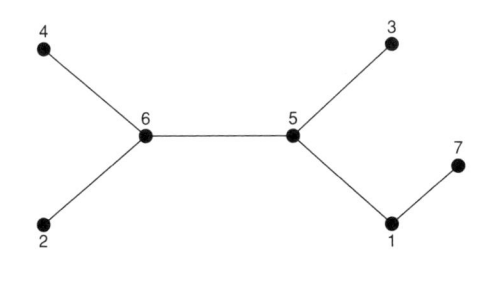

図 10.3

逆の対応を定めよう．記号列 $(a_1, a_2, \cdots, a_{n-2})$ にはない最小の点ラベルを b_1 として，点 a_1 と b_1 を辺で結ぶ．さらに a_1 を上の記号列から除去し，点 b_1 には×印をつける．記号列 $(a_2, \cdots, a_{n-2})$ になく，×印もついていない最小の点ラベルを b_2 として，点 a_2 と b_2 を辺で結ぶ．さらに a_2 を記号列から除去し，点 b_2 に×印をつける．このように1本1本辺を付加していって，最後に×印のついていない2つの点を辺で結べば木ができる．例えば記号列 $(6, 5, 6, 5, 1)$ から始めると，$b_1 = 2, b_2 = 3, b_3 = 4, b_4 = 6, b_5 = 5$ となり，対応する辺は $62, 53, 64, 56, 15$ であり，最後に×印のついていない点 1 と 7 を辺で結ぶことになる．任意のラベルつき木から出発して，対応する記号列を見つけ，それから逆にその記号列に対応する木を見つけると，必ず最初に出発した木に戻る．このことを確かめるのは簡単である．したがって一対一対応であることがわかる．□

[第 2 の証明] ある定められた点 (v とする) の次数が k であるような n 個の

点上のラベルつき木の総数を $T(n,k)$ と表わす．$T(n,k)$ を求めて，$k=1$ から $k=n-1$ までの合計をとればよい．

$\deg(v) = k-1$ である任意のラベルつき木を A とする．v に接続していない任意の辺 wz を A から除去すると，2つの部分木に分離する．部分木の1つには v が含まれ，しかも w と z のどちらか（ここでは w とする）が含まれており，他の1つには z が含まれている．つぎに点 v と z を辺で結ぶと，$\deg(v)=k$ なる木 B が得られる（図 10.4 を見よ）．このような構成法で B が A から得られるとき，ラベルつき木の対 (A,B) は**連鎖** (linkage) と呼ばれる．可能な連鎖 (A,B) の総数を計算してみよう．

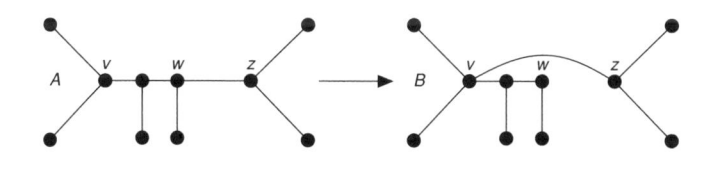

図 10.4

A の選び方は $T(n,k-1)$ 通りあり，1つの A に対して辺 wz の選び方は $(n-1)-(k-1)=n-k$ 通りであり，選び方に従って B は一意に定まるので，連鎖 (A,B) の総数は明らかに $(n-k)T(n,k-1)$ である．

一方，B を $\deg(v)=k$ なるラベルつき木であるとして，B から点 v およびその接続辺を除去して得られる部分木を $T_1,\cdots,T_k$ とする．このとき B から v の接続辺の1つ（例えば vw_i として，w_i は T_i にあるとする）を除去し，T_i 以外の任意の部分木 T_j の勝手な点 u と w_i を辺で結ぶと，$\deg(v)=k-1$ なるラベルつき木 A が得られる（図 10.5 を見よ）．対応するラベルつき木の対 (A,B) は連鎖であり，すべての連鎖がこのようにして得られるであろうことに注意しよう．

B の選び方は $T(n,k)$ 通りあり，点 w_i と他の部分木 T_j の点とを辺で結ぶ方法は $(n-1)-n_i$ 通りある．ここで n_i は T_i の点の個数である．よって連鎖 (A,B) の総数は

$$T(n,k)\{(n-1-n_1)+\cdots+(n-1-n_k)\} = (n-1)(k-1)T(n,k)$$

である．ここで $n_1+\cdots+n_k=n-1$ を用いた．

70 第 4 章 木

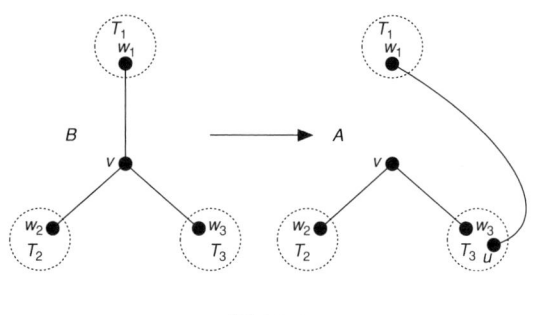

図 10.5

このようにして

$$(n-k)T(n,k-1) = (n-1)(k-1)T(n,k)$$

であることがわかる．この結果を繰り返し，自明な $T(n,n-1)=1$ を用いれば，直ちに

$$T(n,k) = \binom{n-2}{k-1}(n-1)^{n-k-1}$$

を得る．$k=1$ から $n-1$ までの総和をとれば，n 点のラベルつき木の総数は次のように与えられる．

$$\begin{aligned} T(n) &= \sum_{k=1}^{n-1} T(n,k) = \sum_{k=1}^{n-1} \binom{n-2}{k-1}(n-1)^{n-k-1} \\ &= \{(n-1)+1\}^{n-2} = n^{n-2} \qquad \square \end{aligned}$$

系 10.2 K_n の全域木の総数は n^{n-2} である．

[証明] n 点の各ラベルつき木は K_n の全域木に一意に対応する．逆に，K_n の各全域木は n 点のラベルつき木を一意に与える． $\square$

この節を終える前に，1 つの重要な結果を紹介しておこう．それを用いれば，任意の連結グラフにある全域木の総数を計算できる．これは **行列木定理** (matrix-tree theorem) として知られており，その証明は Harary[9] に載っている．

定理 10.3　G は連結な単純グラフであり，その点集合を $\{v_1,\cdots,v_n\}$ とする．$n \times n$ の行列 $M = (m_{ij})$ の対角要素は $m_{ii} = \deg(v_i)$ であるとし，v_i と v_j が隣接しているとき $m_{ij} = -1$，そうでないとき $m_{ij} = 0$ とする．このとき，G の全域木の総数は M の任意の要素に対する余因子に等しい．

演　習　10

10.1^s　5 点のラベルつき木は 125 個あることを直接確かめよ．

10.2^s　Cayley の定理の第 1 の証明に関連して，
(i) 系列 $(1, 2, 3, 4)$ および $(3, 3, 3, 3)$ に対応するラベルつき木を見つけよ．
(ii) 図 10.6 に示した 2 つのラベルつき木に対応する系列を求めよ．

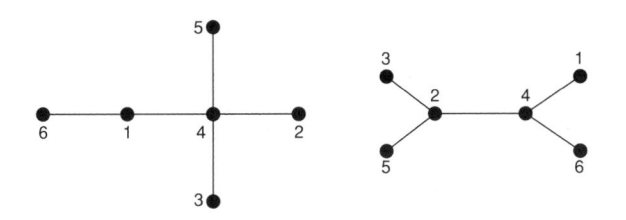

図 10.6

10.3　(i) n 個の点上の木で，しかも与えられた点が端点になっているのは何個あるか．
(ii) n 個の点をもつ木の与えられた点が端点である確率は，n が大きくなると近似的に e^{-1} であることを示せ．

10.4^s　$K_{2,s}$ には全域木が何個あるか．

10.5　連結グラフ G の全域木の個数を $\tau(G)$ とする．
(i) 任意の辺 e について $\tau(G) = \tau(G-e) + \tau(G\backslash e)$ であることを証明せよ．

(ii) この結果を用いて $\tau(K_{2,3})$ を求めよ．

10.6* 行列木定理を用いて Cayley の定理を証明せよ．

10.7* n 点のラベルつき木の個数を $T(n)$ とする．
(i) k 点のラベルつき木と $n-k$ 点のラベルつき木の結び方の総数を計算することにより，次を証明せよ．
$$2(n-1)T(n) = \sum_{k=1}^{n-1}\binom{n}{k}k(n-k)T(k)T(n-k)$$

(ii) 次の等式を証明せよ．
$$\sum_{k=1}^{n-1}\binom{n}{k}k^{k-1}(n-k)^{n-k-1} = 2(n-1)n^{n-2}$$

§11 応用の追加

§8で述べた3つの問題，すなわち最短路問題，中国の郵便配達員問題および巡回セールスマン問題は，オペレーションズリサーチの分野で提起された問題である．本節ではさらに4つの応用例について考えるが，それらはオペレーションズリサーチ，有機化学，電気回路理論および計算機学から選び出した例で，いずれも木に関連している．

最小連結子問題

n 個の町を結ぶ鉄道網を建設すると仮定しよう．当然，任意の町から任意の町まで行けるようにしなければならない．また，線路の量を節約して最小にしなければならないと仮定すると，n 個の町を点とし，その間を結ぶレールを辺としてできるグラフが木でなければならないことは明らかである．このような木は n^{n-2} 個あるが，そのうちどの木が線路量最小であるか計算しなければならない．そのための効率のよいアルゴリズムを見つけることが，ここでの問題なのである．ただし，2つの町の間の距離はすべてわかっていると仮定している（図 11.1 を見よ）．

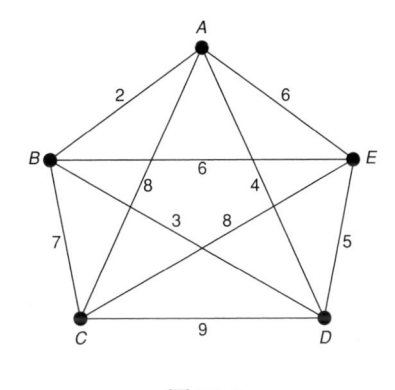

図 11.1

　この問題もまた重みつきグラフを用いて定式化できる．辺 e の重みを $w(e)$ とすると，重みの合計 $W(T)$ ができるだけ小さい全域木 T を見つけることが問題である．前に考えた問題のあるものとは違って，簡単なアルゴリズムで解が求まる．それは**欲ばり法** (greedy algorithm) と呼ばれ，重み最小の辺を選ぶ．ただし閉路ができないようにしなければならない．例えば，図 11.1 には 5 つの町があり，まず辺 AB(重み 2) と辺 BD(重み 3) を選ぶことから始める．次に辺 AD(重み 4) を選ぶと閉路 ABD ができてしまうので，辺 DE(重み 5) を選ぶ．次に辺 AE または BE(重み 6) を選ぶといずれの場合も閉路を形成するので，辺 BC(重み 7) を選ぶ．これで木が完成する (図 11.2 を見よ)．

　これを次の定理に述べる．

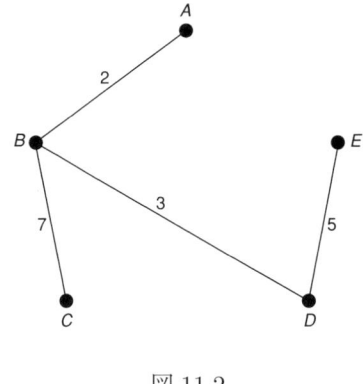

図 11.2

定理 11.1 G は連結グラフで，点が n 個あるとする．次の構成法により最小連結子問題の解が求まる．

(i) 重み最小の辺を e_1 とする．
(ii) 各ステップにおいて，重み最小の辺を選ぶ．それらを $e_2, e_3, \cdots, e_{n-1}$ とする．ただし，以前に選んだ辺と，今度選ぶ辺とで閉路ができないようにしなければならない．かくして，求める全域木 T は辺 $e_1, \cdots, e_{n-1}$ からなる．

[証明] T が G の全域木であることは，定理 9.1 の命題 (ii) から直ちにわかるので，T の合計重みが最小であることを示せばよい．そのために，G の最小重みの全域木 S は $W(S) < W(T)$ と仮定して，T とできるだけ多くの辺を共有する S を選ぼう．上の系列の辺で，S に入っていない最初の辺を e_k とすると，S に e_k を付加して得られるグラフには閉路 C が 1 つだけ含まれており，もちろん C は辺 e_k を含む．明らかに，C のある 1 つの辺 e は S に入っているが T には入っていないので，S の e を e_k でおきかえたグラフもまた全域木である．それを S' とする．つくり方からして $w(e_k) \leq w(e)$ であるので，$W(S') \leq W(S)$ であり，S' は S より 1 本だけ多くの辺を T と共有している．これは矛盾であ

る.

　この欲ばり法の1つのおもしろい応用例では，巡回セールスマン問題の解の下界を得るのに利用されている．巡回セールスマン問題に対しては，効率のよい一般的なアルゴリズムが知られていないが，この欲ばり法は，効率のよいアルゴリズムであるため，巡回セールスマン問題に対して有用である．

　重みつき完全グラフの任意のハミルトン閉路を選び，その任意の点 v を除去すると，半ハミルトン道が得られ，これは全域木である．よって巡回セールスマン問題の任意の解は，この種の全域木と v に接続する2本の辺とからできている．(欲ばり法で見つけた) **最小重み**の全域木の重みに，v に接続している辺の重みのうちの**小さい方** 2 つを加えれば，巡回セールスマン問題の**下界**が得られる．

　例えば，図11.1の重みつきグラフで点 C を除去すれば，残りの重みつきグラフには4つの点 A, B, D, E が残る．これら4つの点を結ぶ最小重み全域木の辺は AB, BD と DE であり，その重みの合計は 10 である．C に接続している辺で重みが小さいのは CB と CA (または CE) であり，重みの和は 15 である (図11.3 を見よ)．よって，所望の巡回セールスマン問題に対する下界は 25 である．このケースの正解は 26 であるので，巡回セールスマン問題に対する上の方法は驚くほどよい結果を与えることがわかる．

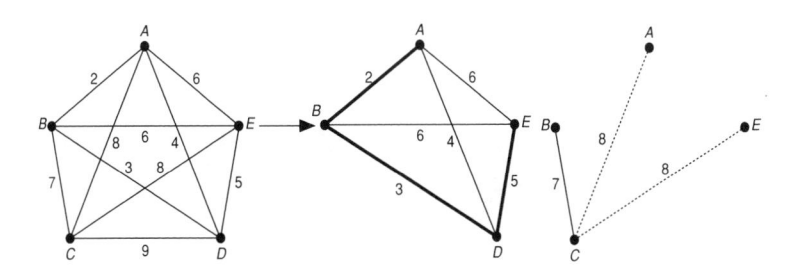

図 11.3

化学分子の数え上げ

　木が利用された最も古い例の1つは，化学分子の数え上げに関連している．

いくつかの炭素原子といくつかの水素原子からできている分子をグラフで表現すると，各炭素原子は次数4の点，各水素原子は次数1の点になる．

n-ブタンと2-メチルプロパンのグラフを図11.4に示す．どちらの化学式も同じ C_4H_{10} であるが，分子内での原子の配列が異なるので，異なる分子である．これら2つの分子が属する一般的なクラスは，メタン列またはパラフィンとして知られており，化学分子式 C_nH_{2n+2} をもつ．この式で表わされる異なる分子がいくつあるか調べたいと思うのは当然であろう．

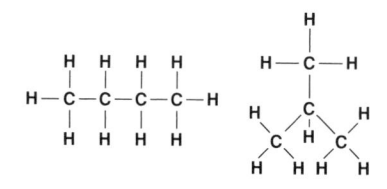

図 11.4

この疑問に答えるため，まず次の注意をする．定理 9.1(iii) により，式 C_nH_{2n+2} をもつ任意の分子のグラフは木でなければならない．というのは，それが連結であり，$n+(2n+2) = 3n+2$ 個の点があり，$\frac{1}{2}\{4n+(2n+2)\} = 3n+1$ 本の辺があるからである．さらに次のことに注意する．炭素原子の配列がわかれば，直ちに分子が完全に定まる．なぜならば，各炭素原子の次数が4になるように水素原子をつけ加えればよいからである．したがって水素原子を無視することができ (図 11.5 を見よ)，n 個の点の次数がいずれも4以下であるような木の総数を求める問題に帰着される．

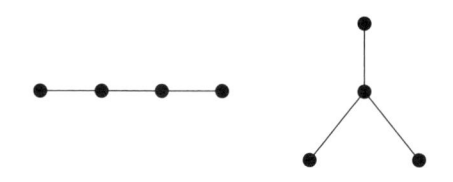

図 11.5

この問題は 1875 年に Cayley によって解かれたが，その手法は中心 (演習 9.9 を見よ) から出発して木を構成する方法が何通りあるかを計算することであった．その議論は複雑なので本書では述べないが，Biggs, Lloyd と Wilson[11] に載っている．Cayley の仕事の多くは，以後 G. Pólya その他の人たちに受け継がれ，グラフ理論的手法によって多くの化学式が数え上げられている．

電気回路網

図 11.6 の電気回路網を考えよう．各導線の電流を決定するために，図 11.7 のように各導線を流れる電流の向きを任意に定め，次のキルヒホッフの法則を適用する．

(i) 各点での電流の総和は 0 である．
(ii) 各閉路において電圧源の電圧の総和は，その閉路にある抵抗 R_k とその電流 i_k との積の総和に等しい．

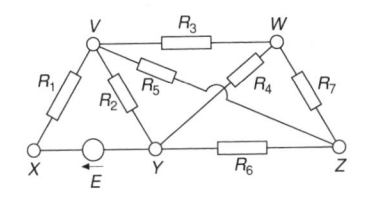

図 11.6

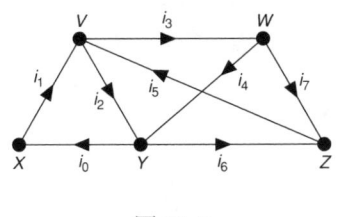

図 11.7

キルヒホッフの第 2 の法則を閉路 $VYXV, VWYV$, および $VWYXV$ に適用

すると

$$i_1R_1 + i_2R_2 = E, \quad i_3R_3 + i_4R_4 - i_2R_2 = 0, \quad i_1R_1 + i_3R_3 + i_4R_4 = E$$

が得られる．最後の等式は前の 2 つの等式の単なる和であるので，何の情報も得られない．同様にして，閉路 $VWYV, WZYW$ に対応する等式があれば $VWZYV$ の等式が得られる．したがって，すべての必要な情報を与えてくれるような必要最小限の閉路の集合が見つかれば，かなりの手間が省けることは明らかである．これは §9 で導入した基本閉路集合の概念を用いて見つけることができる．図 11.6 の例では図 9.3 に示した基本閉路集合をとって，次の等式を得る．

  閉路 $VYXV : i_1R_1 + i_2R_2 = E$
  閉路 $VYZV : i_2R_2 + i_5R_5 + i_6R_6 = 0$
  閉路 $VWZV : i_3R_3 + i_5R_5 + i_7R_7 = 0$
  閉路 $VYWZV : i_2R_2 - i_4R_4 + i_5R_5 + i_7R_7 = 0$

さらにキルヒホッフの第 1 法則から次の等式が得られる．

  点 $X : i_0 - i_1 = 0$
  点 $V : i_1 - i_2 - i_3 + i_5 = 0$
  点 $W : i_3 - i_4 - i_7 = 0$
  点 $Z : i_5 - i_6 - i_7 = 0$

これら 8 個の等式を解けば，8 個の電流 $i_0, \cdots, i_7$ が得られる．例えば $E = 12$ であり，各抵抗が 1 である (すなわち $R_i = 1$) とき，図 11.8 の解が得られる．

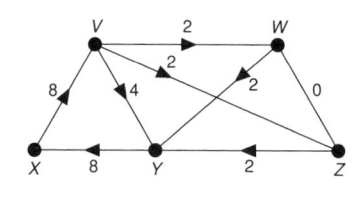

図 11.8

探索木

応用の多くで扱われる木は，図 11.9 にあるように，階層構造になっており，根 (root) と呼ばれる木の最上部の 1 点から下の他の点へと分岐している．例えば，コンピュータ・ファイルや図書分類法がしばしばこの方式をとっており，情報を各点に保管している．

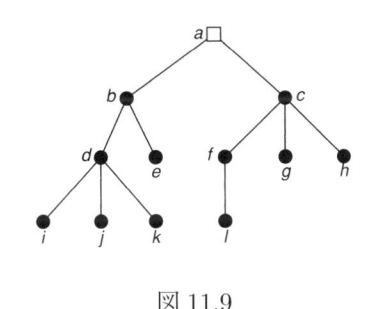

図 11.9

特定の情報がほしいとき，木を組織だった方法で探索する必要がある．求める点が見つかるまで木のすべての部分を調べることがよくある．任意の点を何度も通ることなく，結局は木のすべての部分を通る探索テクニックを見つけたい．

有名な探索法に**深さ優先探索** (depth first search) と**幅優先探索** (breadth first search) の二つがある．どちらの方法もすべての点を通るが，通る順序が異なる．この問題にはこの方法を使うとよいといった規則は特になく，それぞれに長所がある．例えば，幅優先探索は最短路アルゴリズムで使われるが (§8)，深さ優先探索はネットワークフローを見つけるために使われる (§29)．

幅優先探索では，木に深く入り込む前に，できるだけ多くの点へ扇形に広げる．つまり今いる点に隣接しているすべての点を訪問してから別の点へ進む．例えば図 11.9 の木で考えてみよう．幅優先探索を実行するために，点 a から出発し，a に隣接している b と c を訪問する．次に b に隣接している d と e を訪問してから，c に隣接する f, g, h に行く．最後に d に隣接する i, j, k を訪問したあと，f に隣接する l を訪問する．この結果図 11.10 のラベルつき木が与えられる．ここでのラベルは点を訪問した順序に対応する．

深さ優先探索では，他点へ扇形に広げる前に，できるだけ深く木に入り込む．

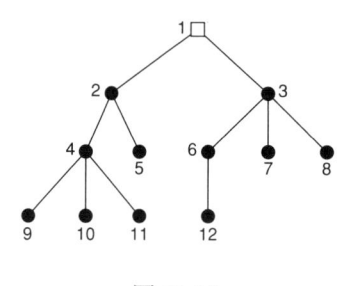

図 11.10

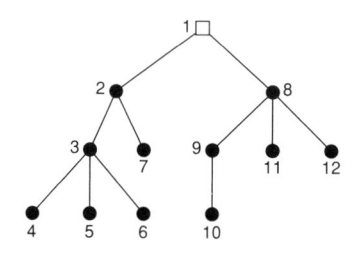

図 11.11

再度図 11.9 の木で考えてみよう．深さ優先探索を実行するために，点 a から出発し，下の点 b, d, i へ移動する．これ以上深くは入り込めないので，d へ戻ってから j へ下がる．再び d へ戻ったあと k へ行く．次に d を通って b へ戻り，そこから e へ下がる．次に点 a に戻ると，c, f, l に行くことができる．やがて g, h へ行ったあと，a に戻る．この結果図 11.11 のラベルつき木が与えられる．ここでのラベルは訪問した順序に対応する．

演 習 11

11.1^s　欲ばり法を用いて図 11.12 に示したグラフの最小重み全域木を見つけよ．

11.2　図 11.13 に示したグラフの最小重み全域木を見つけよ．

11.3　重みつき連結グラフ G の各辺の重みが同じならば，欲ばり法は G の全域木の 1 つをつくる方法になっていることを示せ．

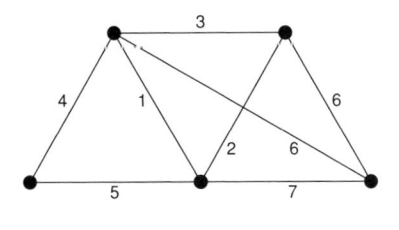

図 11.12

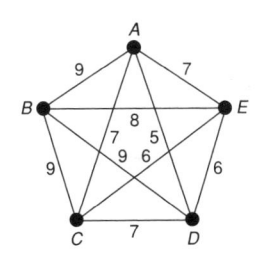

図 11.13

11.4　(i) **最大**重みの全域木を見つけるには，欲ばり法をどう変更したらよいか．

(ii) 図 11.1 および 11.12 の重みつきグラフでこのような全域木を求めよ．

11.5^s　上述の巡回セールスマン問題で，点 C のかわりに A, B, D あるいは E を除去したとき，どんな下界が得られるか．

11.6^s　アルコール $C_nH_{2n+1}OH$ に対応するグラフは，すべての n に対して木であることを示せ．(酸素の点は次数 2 である．)

11.7　分子式が C_5H_{12} および C_6H_{14} の化学分子を描け．

11.8^s　図 11.14 に示した木で幅優先探索法と深さ優先探索法を実行せよ．

11.9　図 11.15 に示した木で幅優先探索法と深さ優先探索法を実行せよ．

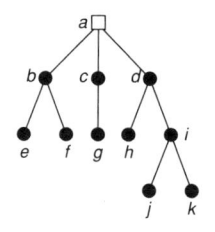

図 11.14

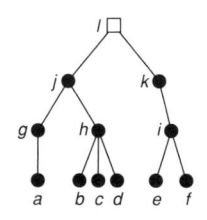

図 11.15

11.10^s 図 11.8 の電流が正しいことを確かめよ．ただし，辺 VX, VW, WZ, YZ からなる全域木に関連した基本閉路にキルヒホッフの法則を適用せよ．

11.11* 図 11.16 の回路網に対してキルヒホッフの等式を書きおろして，解け．数字は抵抗を表わす．

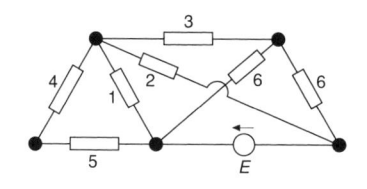

図 11.16

第5章　平面性

本章では，位相幾何学的グラフ理論の検討に乗り出すことにする．その研究は，平面性や種数などのような位相幾何学的な概念と結びつかざるを得ない．特にグラフが平面や他の曲面に描かれた場合を研究する．§12 では平面的グラフを検討し，平面的でないグラフの存在を証明し，Kuratowski による平面性の特徴づけを述べる．次の §13 では，平面に描かれたグラフの点，辺および面の個数に関するオイラーの公式を証明し，§14 ではその公式を他の曲面に描かれたグラフに拡張する．§15 では双対性を調べ，そして本章の最後の §16 では無限グラフについて述べる．

§12　平面的グラフ

平面的グラフ (planar graph) とは，どの 2 つの辺も，それらが接続する点以外では幾何学的に交差しないように平面に描かれたグラフのことである．このような描画を**平面描画** (plane drawing) という．便宜上，平面的グラフの平面描画を**平面グラフ** (plane graph) と略すことがよくある．例えば図 12.1 は平面的グラフ K_4 の 3 つの描画であるが，2 番目と 3 番目だけが平面グラフである．

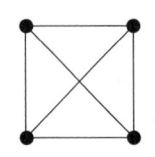

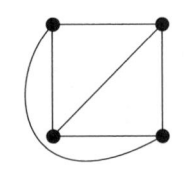

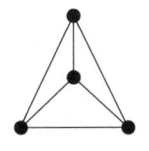

図 12.1

図12.1の左のグラフから生じる疑問は，平面的グラフはすべての辺が直線になるように，平面にいつでも描くことができるのかということである．ループや多重辺を含むグラフでは明らかに不可能であるが，**すべての単純平面的グラフは直線で描くことができる**ということが1936年にK. Wagner，1948年にI. Fáryによってそれぞれ証明された．興味のある読者は詳しいことをChartrandとLesniak[8]で見られよ．

あらゆるグラフが平面的とは限らないことが，次の定理からわかる．

定理 12.1 $K_{3,3}$ および K_5 は平面的でない．

[注意]　2つの証明を与える．本節で与える第1の証明は構成的である．第2の証明は§13で与えるが，オイラーの公式の系として出てくる．

[証明]　はじめに $K_{3,3}$ が平面的であるとしよう．$K_{3,3}$ には長さ6の閉路 $u \to v \to w \to x \to y \to z \to u$ があり，この閉路は任意の平面描画において，図12.2のように六角形に描かれなければならない．

辺 wz は完全に六角形の内側あるいは外側になければならない．wz が六角形の内側にある場合を扱う．外側の場合も同様である．辺 ux は辺 wz と交差してはいけないので，六角形の外側になければならない．図12.3にその状態を示す．このとき辺 vy は ux あるいは wz のいずれかと交差してしまうので描くのは不可能であり，矛盾である．

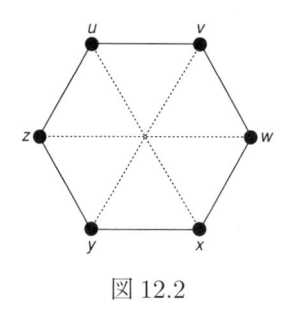

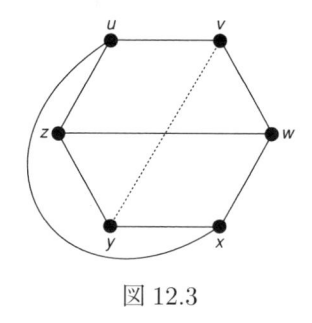

図 12.2　　　　　図 12.3

次に K_5 が平面的であるとしよう．K_5 には長さ5の閉路 $v \to w \to x \to y \to$

$z \to v$ があり，この閉路は任意の平面描画において，図 12.4 のように五角形に描かれている．

辺 wz は完全に五角形の内側あるいは外側になければならない．wz が五角形の内側にある場合を扱う．外側の場合も同様である．辺 vx と vy は辺 wz と交差しないので，どちらも五角形の外側になければならない．図 12.5 にその状態を示す．また，辺 xz は辺 vy と交差できないので，五角形の内側になければならない．同様にして辺 wy も五角形の内側になければならない．このとき辺 wy と xz は交差してしまうので，矛盾である．□

図 12.4　　　　　図 12.5

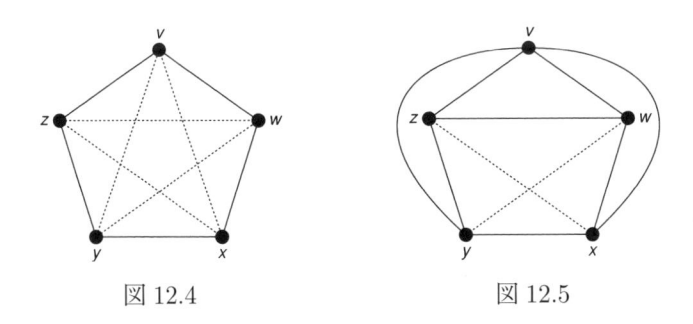

明らかに，平面的グラフの部分グラフはすべて平面的であり，非平面的部分グラフを含むグラフはすべて非平面的である．これから直ちにわかるが，$K_{3,3}$ あるいは K_5 を部分グラフとして含むグラフは非平面的である．すべての非平面的グラフは，K_5 および $K_{3,3}$ のどちらかを「含む」という意味において，この 2 つのグラフは，非平面的グラフの「核」である．

この命題をより正確に述べるために，2 つのグラフのどちらも，ある同じグラフからその辺に次数 2 の新しい点をいくつか挿入して得られるとき，その 2 つのグラフは**位相同形** (homeomorphic) であると定義する．例えば，図 12.6 に示したグラフは位相同形であり，また閉路グラフはいずれも位相同形である．

「位相同形」という用語をもち込んだのは，正確な記述をはかるためで，次数 2 の点の挿入や除去は平面性とは全く関係がない．しかし，この用語によって，**Kuratowski の定理** として知られている次の重要な結果を述べることができる．それは，グラフが平面的であるための必要十分条件を与えている．

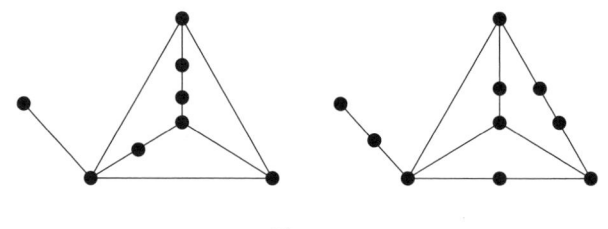

図 12.6

定理 12.2 (Kuratowski 1930 年)　平面的グラフであるための必要十分条件は，K_5 あるいは $K_{3,3}$ に位相同形な部分グラフを含まないことである．

Kuratowski の定理の証明はやや長くて面倒なので，省略することにした (Bondy と Murty[7] または Harary[9] を見よ)．ここでは Kuratowski の定理を利用して，もう 1 つの平面性判定法を求めてみよう．まず，グラフ H の辺を 1 本ずつ縮約していって K_5 または $K_{3,3}$ が得られるとき，H は K_5 あるいは $K_{3,3}$ に**縮約可能** (contractible) であると定義する．例えばピータスン・グラフは K_5 に縮約可能である．内側と外側の 5-閉路を結ぶ「スポーク」を縮約していくとわかる．(図 12.7 を見よ)．

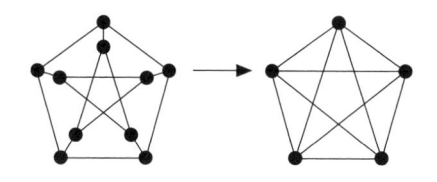

図 12.7

定理 12.3　グラフが平面的であるための必要十分条件は，K_5 あるいは $K_{3,3}$ に縮約可能な部分グラフを含まないことである．

§12 平面的グラフ　87

[略証]　⇐ まずグラフ G は平面的でないとする．このとき Kuratowski の定理より，G には K_5 または $K_{3,3}$ に位相同形な部分グラフ H がある．次数 2 の点に接続している H の辺を 1 本ずつ縮約していけば，H は K_5 または $K_{3,3}$ に縮約可能であることは明らかである．

⇒ G には $K_{3,3}$ に縮約可能な部分グラフ H があると仮定して，$K_{3,3}$ の点 v は H の部分グラフ H_v の縮約によりできたとする (図 12.8 を見よ)．

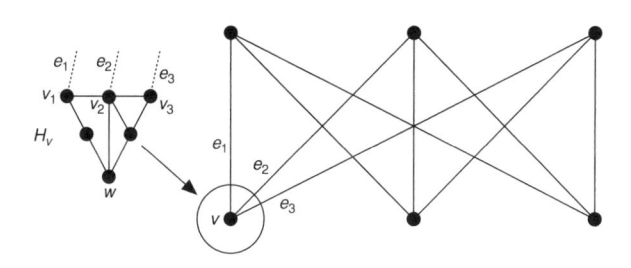

図 12.8

点 v は $K_{3,3}$ の 3 本の辺 e_1, e_2, e_3 に接続している．H の辺としてはこれら 3 本の辺は H_v の (異なる点とは限らない) 3 つの点 v_1, v_2, v_3 に接続している．もし 3 点とも異なるならば，H_v には点 w があり，w とこれら 3 つの点を結ぶ道があり，これら 3 本の道は w でだけ交差している．(3 つの点が異なっていない場合にも同様の道をつくれるが，1 点に縮退した道になる．) したがって，部分グラフ H_v のかわりに点 w とそれから出る 3 本の道でおきかえることができる．$K_{3,3}$ の各点 v に対して上のおきかえを行ない，$K_{3,3}$ の辺でそれらの道を結び合わせると，できた部分グラフは明らかに $K_{3,3}$ に位相同形である (図 12.9 を見よ)．よって Kuratowski の定理により G は平面的でない．

K_5 に縮約可能な部分グラフが G にある場合も同様な議論ができる．この場合にはもっと複雑になり，上のつくり方で得られる部分グラフは K_5 あるいは $K_{3,3}$ のどちらかに位相同形になる．詳細は Chartrand と Lesniak[8] を見よ．□

本節を終える前にグラフの「交差数」を導入しよう．平面に K_5 あるいは $K_{3,3}$ を描こうとするとき，これらは平面的グラフでないので，辺の交差が 1 つ以上生じてしまう．しかし図 12.10 に示すように，2 つ以上の交差は必要でない．こ

図 12.9

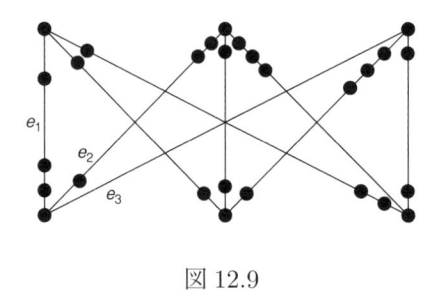

のことから K_5 および $K_{3,3}$ の交差数はともに 1 であるという．

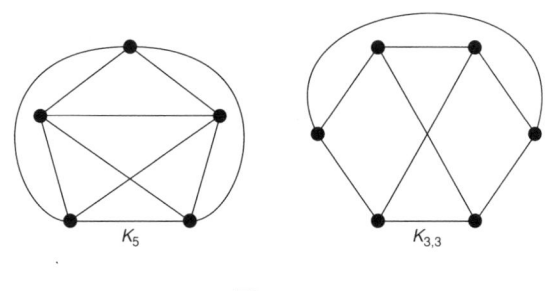

図 12.10

より一般的には，グラフ G の**交差数** (crossing number) $\mathrm{cr}(G)$ とは G を平面に描いたときに生じる交差の最小数である．よって，交差数は G がどのくらい「平面でないか」をはかるのに用いることができる．例えば，平面的グラフの交差数は 0 であり，$\mathrm{cr}(K_5) = \mathrm{cr}(K_{3,3}) = 1$ である．「交差」はちょうど 2 本の辺の交差を意味し，3 本以上の辺の交差は認めていないことに注意しよう．

演 習 12

12.1[s]　描画することにより，次のグラフは平面的であることを示せ．

　　(i) 車輪 W_5　　(ii) 正八面体のグラフ

12.2　図 12.11 のグラフを交差がないように平面に描く方法を示せ．

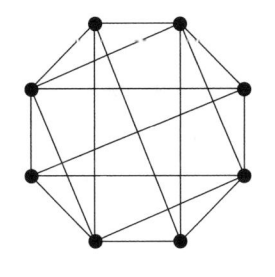

図 12.11

12.3^s　仲の悪い隣組の 3 軒が水, 油および糖みつの井戸を共同で用いている. お互い出合うのを嫌って, 3 軒の各家から 3 つの井戸へ行く交差しない道をつくることにした. これは可能か.

12.4^s　どのような完全グラフと完全二部グラフが平面的であるか.

12.5　(i) k-立方体 Q_k が平面的であるのは, どんな値の k に対してであるか.
(ii) 完全三部グラフ $K_{r,s,t}$ が平面的であるのは, どんな値の r, s, t に対してであるか.

12.6　ピータスン・グラフは平面的でないことを
(i) 定理 12.1, あるいは
(ii) 定理 12.3

を用いて証明せよ.

12.7^s　次のようなグラフの例を与えよ.
(i) K_5 および $K_{3,3}$ のどちらにも位相同形でない非平面的グラフ
(ii) K_5 および $K_{3,3}$ のどちらにも縮約可能でない非平面的グラフ

このようなグラフが存在することは定理 12.2 および 12.3 に反しないのか. なぜか.

12.8　2 つの位相同形グラフが n_i 個の点と m_i 本の辺をもつとき ($i = 1, 2$),

$$m_1 - n_1 = m_2 - n_2$$

であることを示せ.

12.9 グラフ G のすべての点が外側の境界上にくるように G を平面に描けるとき，G は**外平面的** (outerplanar) であるという.
 (i) K_4 および $K_{2,3}$ は外平面的でないことを示せ.
 (ii) 外平面的グラフには，K_4 または $K_{2,3}$ に位相同形あるいは縮約可能な部分グラフがないことを示せ.
 (実際のところ，上の逆も成り立つので，外平面的グラフであるための Kuratowski 型の判定条件が得られる.)

12.10^s $K_{4,3}$ とピータスン・グラフの交差数はどちらも 2 であることを示せ.

12.11* r と s が偶数であるとき，
$$\mathrm{cr}(K_{r,s}) \leq \frac{1}{16} rs(r-2)(s-2)$$
を示せ. また r と s のどちらかあるいは両方とも奇数である場合に対して同様な結果を求めよ. (**ヒント**: r 個の点を x 軸上におけ. ただし $\frac{1}{2}r$ 個を原点より左に，$\frac{1}{2}r$ 個を右におく. 同様に s 個の点を y 軸上において，交差数を計算せよ.)

12.12* 平面的グラフ G の点集合を $\{v_1, \cdots, v_n\}$ として，$p_1, \cdots, p_n$ は平面上の相異なる任意の n 個の点とする. 各 i について点 p_i が点 v_i に対応するように G を平面に描けることを発見的な議論により示せ.

12.13* グラフの点をユークリッド 3-空間の点 $(1, 1^2, 1^3), (2, 2^2, 2^3), (3, 3^2, 3^3)$, $\cdots$, におけば，任意の単純グラフがユークリッド 3-空間に交差せずに描くことができ，しかも各辺を直線で表現できることを証明せよ.

§13 オイラーの公式

平面的グラフ G は，任意の平面描画によって，G 上にはない平面の点集合をいくつかの領域に分割している. これらの領域は**面** (face) と呼ばれる. 例えば図 13.1 の平面グラフは 8 つの面をもち，図 13.2 は 4 つの面をもつ. どちらの

§13 オイラーの公式　91

グラフにおいても f_4 は非有界であり，その非有界な面は**無限面** (infinite face) と呼ばれる．

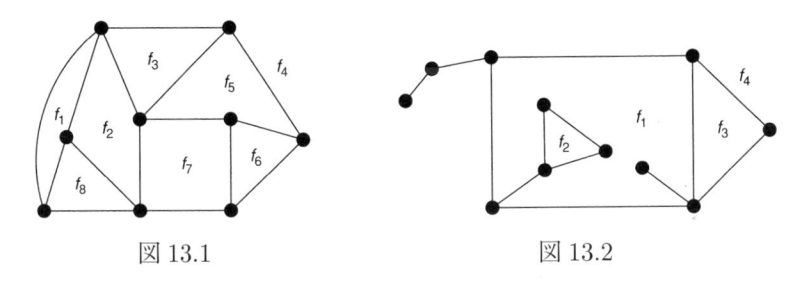

図 13.1　　　　　　　　　　図 13.2

　無限面について何も特別視する必要はない．すなわち，どの面を無限面として選んでもよいことに気づいてもらいたい．これを確かめるために，グラフを球面に写像し (図 13.3)，投影点 (すなわち北極) が無限面にしたい面の中に入るように球を回転した後に，南極で球に接する平面上にグラフを投影する．このとき，北極が入るように選んだ面が無限面になっている．

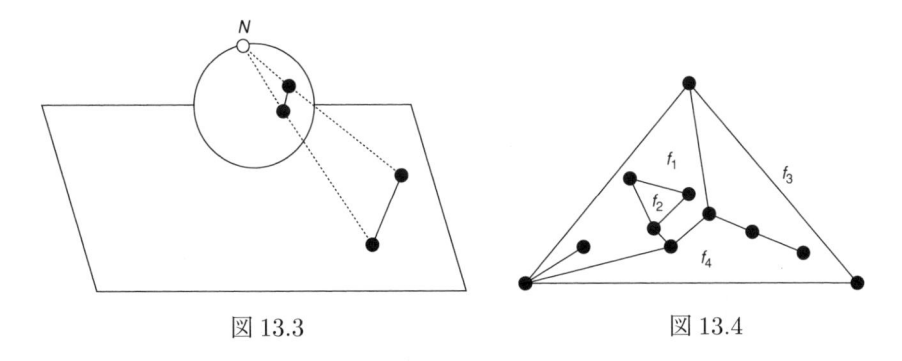

図 13.3　　　　　　　　　　図 13.4

　図 13.4 に示したのは図 13.2 のグラフの一表現であり，f_3 が無限面である．
　次に**オイラーの公式** (Euler's formula) を証明する．グラフを平面にどのように描いても，面の個数は同じであって，簡単な公式で与えられることを示している．その別証明の概要は演習 13.11 で説明されている．

> **定理 13.1** (オイラー, 1750 年)　G は連結平面グラフの平面描画とし, 点数を n, 辺数を m, 面数を f とすると, 次式が成り立つ.
> $$n - m + f = 2$$

[注意]　図 13.2 はこの定理の一例である. そこでは $n = 11, m = 13, f = 4$ であるので, $n - m + f = 11 - 13 + 4 = 2$ である.

[証明]　証明は G の辺数に関する帰納法による. $m = 0$ ならば, (G は連結であるので) $n = 1$ であり, (無限面しかないので) $f = 1$ である. よってこの場合には定理が成立する.

次に, $m - 1$ 本以下の辺をもつすべてのグラフに対して定理は真であると仮定して, グラフ G には m 本の辺があるとする. もし G が木ならば, $m = n - 1$ かつ $f = 1$ であるので, $n - m + f = 2$ となり問題はない. もし G が木でないならば, G の閉路に含まれる 1 つの辺を e とする. $G - e$ は連結平面グラフであり, n 個の点, $m - 1$ 本の辺および $f - 1$ 個の面があり, 帰納法の仮定により $n - (m - 1) + (f - 1) = 2$ である. よって $n - m + f = 2$ であることがわかる. □

上の結果はしばしば「オイラーの多面体公式」と呼ばれる. というのは凸多面体の頂点, 辺および面の個数を関係づけているからである. 例えば正立方体では, $n = 8, m = 12, f = 6$ であるので, $n - m + f = 8 - 12 + 6 = 2$ である (図 13.5 を見よ).

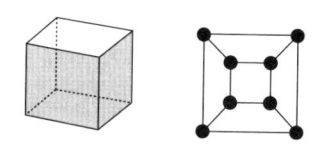

図 13.5

多面体を外球面に投影してできるグラフは平面的であり (図 13.3), しかも 3-連結で, 各面の境界は多角形である. このようなグラフは**多面体グラフ** (polyhedral graph) と呼ばれる (図 13.1 を見よ). 便宜上, 定理 13.1 をこのようなグラフに関していい直しておく.

> **系 13.2** G は多面体グラフとする. 上の記号を用いて次式が成立する.
> $$n - m + f = 2$$

オイラーの公式は非連結グラフに対して容易に拡張できる.

> **系 13.3** 平面グラフ G には n 個の点, m 本の辺, f 個の面, k 個の成分があるとすれば, 次式が成立する.
> $$n - m + f = k + 1$$

[証明] 各成分ごとにオイラーの公式を適用すれば, 直ちに得られる. ただし, 無限面を 2 回以上数えないようにせよ. □

今まで本節で述べたことは任意の平面グラフに適用できたが, つぎに単純グラフに制約すれば, 以下の諸結果が得られる.

> **系 13.4**
>
> (i) 連結単純平面的グラフ G が $n(\geq 3)$ 個の点と m 本の辺をもつとき, 次式が成立する.
> $$m \leq 3n - 6$$
>
> (ii) さらに G に三角形がないならば, 次式が成り立つ.
> $$m \leq 2n - 4$$

[証明] (i) G は平面グラフであるとする. すべての面は 3 本以上の辺で囲まれているので, 各面のまわりの辺を数えていけば $3f \leq 2m$ が得られる. (すべての辺は 2 つの面の境界になることから因子 2 が出てくる.) この不等式とオイ

ラーの公式を組み合わせれば，所望の式が得られる．

(ii) 上の不等式 $3f \leq 2m$ を $4f \leq 2m$ におきかえれば，同様に証明できる． □

この系は定理 12.1 の別証明に使える．

> **系 13.5** K_5 および $K_{3,3}$ は平面的でない．

[証明] もし K_5 が平面的ならば，系 13.4 の (i) を適用して $10 \leq 9$ になるから，明らかに矛盾である．もし $K_{3,3}$ が平面的ならば，系 13.4 の (ii) の部分を適用して $9 \leq 8$ になるが，これまた矛盾である． □

同様な議論を用いると次の定理が証明できる．この定理はグラフの彩色を調べるときに役立つ．

> **定理 13.6** すべての単純平面的グラフには次数 5 以下の点がある．

[証明] グラフは連結であり，しかも 3 個以上の点があるとしても一般性を失わない．もしすべての点の次数が 6 以上ならば，上の記号を用いると $6n \leq 2m$ すなわち $3n \leq m$ である．したがって系 13.4 の (i) より $3n \leq 3n - 6$ となり，明らかに矛盾である． □

本節を終える前にグラフの「厚さ」について 2,3 注意しよう．電気工学では回路をいくつかに分割し，各部分を絶縁基板の片側に印刷することがある．これらは「プリント基板回路」と呼ばれる．基板上の配線は絶縁物で被覆されていないので交差できない．よって，対応するグラフは平面的でなければならない（図 13.6 を見よ）．

一般の回路網に対して，それを完成するには何枚のプリント基板回路が必要かを知ることが重要である．このために，いくつかの平面的グラフを重ね合わせて，グラフ G をつくるときに必要な平面的グラフの最小数を G の**厚さ** (thickness) と定義し，$t(G)$ と書く．交差数と同様に，厚さもグラフがどのくらい「平面でないか」を測る尺度である．例えば平面的グラフの厚さは 1 であり，K_5 および $K_{3,3}$ の厚さは 2 である．図 13.7 に K_6 の厚さが 2 であることを示す．

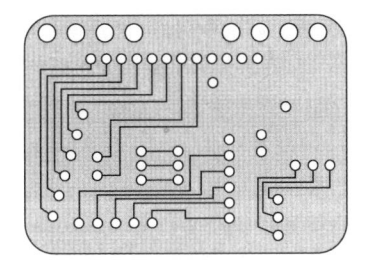

図 13.6

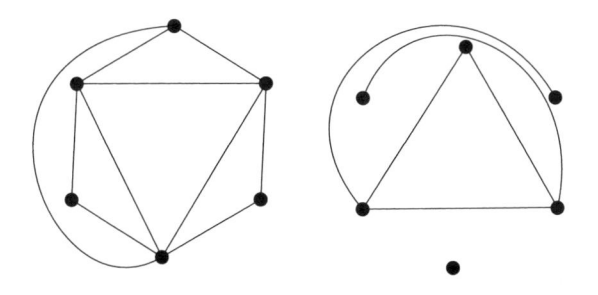

図 13.7

　下の定理 13.7 に示すように，オイラーの公式を用いればグラフの厚さの下界が得られる．少し意外なことには，この自明に近い下界が最小値そのものであることがよくある．事実，特殊な例については直接的な構成法でもって確かめることができる．次の記号を用いる．$\lfloor x \rfloor$ は x 以下の最大の整数を，$\lceil x \rceil$ は x 以上の最小の整数を表わす．例えば $\lfloor 3 \rfloor = \lceil 3 \rceil = 3, \lfloor \pi \rfloor = 3, \lceil \pi \rceil = 4$ である．

定理 13.7　単純グラフ G に $n(\geq 3)$ 個の点および m 本の辺があるとき，G の厚さ $t(G)$ は次の不等式を満足する．
$$t(G) \geq \left\lceil \frac{m}{3n-6} \right\rceil, \qquad t(G) \geq \left\lfloor \frac{m+3n-7}{3n-6} \right\rfloor$$

[証明] 左の式は，系 13.4(i) を適用すれば直ちに得られる．厚さは整数でなければならないから「 」が生じる．容易に証明できる関係式 $\lceil a/b \rceil = \lfloor (a+b-1)/b \rfloor$ (a と b は正の整数) を用いれば，左の式から右の式がわかる．□

演 習 13

13.1^s　オイラーの公式を次のグラフについて確かめよ．
　　(i) 車輪 W_8
　　(ii) 正八面体のグラフ
　　(iii) 図 13.1 のグラフ
　　(iv) 完全二部グラフ $K_{2,7}$

13.2　図 13.2 のグラフを次の面が無限面になるように描き直せ．
　　(i) f_1
　　(ii) f_2

13.3^s　(i) オイラーの公式を用いて次のことを証明せよ：連結平面グラフ G の内周が 5 ならば，上の記号を用いて $m \leq \frac{5}{3}(n-2)$ である．ピータスン・グラフは平面的でないことを示せ．
　　(ii) 上の (i) にある不等式を内周 r の連結平面グラフに対して拡張せよ．

13.4　G は多面体 (多面体グラフ) として，そのすべての面の境界は五角形または六角形であるとする．
　　(i) オイラーの公式を用いて，G には 12 個以上の五角形の面がなければならないことを示せ．
　　(ii) さらに，各頂点ではちょうど 3 つの面が会うとすると，G にはちょうど 12 個の五角形の面があることを証明せよ．

13.5　単純平面グラフ G には面が 11 個以下しかなく，各点の次数は 3 以上とする．
　　(i) オイラーの公式を用いて，4 本以下の辺で囲まれた面が G にあることを証明せよ．
　　(ii) G には面が 12 個あるとき，(i) の結果が誤りであることを例示せよ．

13.6　(i) G は単純連結 3 次平面グラフとし，k 角形の面の個数を φ_k とする．G の点および辺の個数を勘定して，次式を証明せよ．

$$3\varphi_3 + 2\varphi_4 + \varphi_5 - \varphi_7 - 2\varphi_8 - \cdots = 12$$

(ii) 5 本以下の辺で囲まれた面が少なくとも 1 つは G にあることを導け．

13.7　単純グラフ G の点は 11 個以上として，その補グラフを $\overline{G}$ とする．
(i) 次のことを証明せよ: G と $\overline{G}$ の両方が平面的であることはない．
(実際は 11 を 9 としても同じことがいえる．)
(ii) 8 個の点をもつグラフ G で，G と $\overline{G}$ の両方が平面的な G を見つけよ．

13.8^s　次のグラフの厚さを求めよ．
(i) ピータスン・グラフ
(ii) 4-立方体 Q_4

13.9　(i) K_n の厚さは $t(K_n) \geq \lfloor \frac{1}{6}(n+7) \rfloor$ であることを示せ．
(ii) 演習 13.7 の結果を用いて次のことを示せ: $n = 8$ ならば (i) の不等式が等号で成立するが，$n = 9, 10$ の場合には等号が成立しない．
(実際は 9 と 10 以外のすべての n に対して等号が成立する．)

13.10　(i) 系 13.4 の (ii) を用いて

$$t(K_{r,s}) \geq \left\lceil \frac{rs}{2(r+s)-4} \right\rceil$$

を証明せよ．また，$t(K_{3,3})$ に対して等号が成立することを確かめよ．
(ii) 偶数の r に対して $t(K_{r,s}) = \frac{1}{2}r$ を示せ．また，$s > \frac{1}{2}(r-2)^2$ ならば $t(K_{r,s}) = \frac{1}{2}r$ であることを上の (i) から導け．

13.11*　G は多面体グラフとし，G の閉路部分空間を W とする．
(i) G の有限面を囲む多角形の全体は W の基をなすことを示せ．
(ii) 系 13.2 を導け．

§14 他の種類の曲面上のグラフ

前の2つの節では，平面または(同じことであるが)球面上に描かれたグラフについて考えた．ここでは，例えばトーラスのような他の種類の曲面に描かれたグラフについて考える．K_5 および $K_{3,3}$ は，トーラスの曲面上に交差なしに描けることは容易にわかる(図 14.1 を見よ)．また，このような曲面に描かれるグラフに対して，オイラーの公式や Kuratowski の定理に類似したものがあるだろうか．

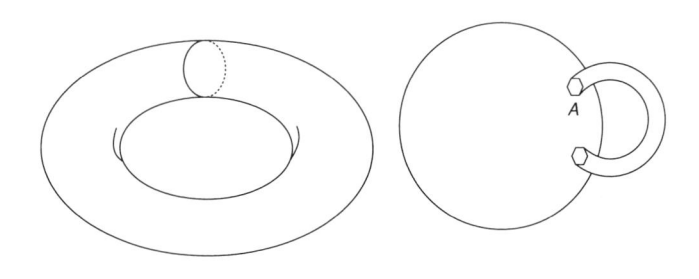

図 14.1

トーラスは，球面に「取っ手」を1つつけたものと見なしてよい．より一般的には，g 個の取っ手がついた球面に(位相幾何学的)位相同形な曲面の**種数** (genus) は g であるという．これらの用語に不案内な読者は，g 個の穴があるドーナツの曲面上に描かれたグラフを思い浮かべよう．よって球面の種数は零であり，トーラスは1である．

種数 g の曲面には交差なしに描けるが，種数 $g-1$ の曲面には描けないグラフを**種数 g のグラフ**という．よって K_5 および $K_{3,3}$ は種数1のグラフである．(トロイダルグラフとも呼ばれる．)

次の定理によりグラフの種数の上界が求まる．

定理 14.1 グラフの種数は交差数以下である．

[注意] できる限り交差数は少なく，したがって交差数 c に等しい個数の交差

になるようにグラフを球面に描く．交差しているところに「橋」をつくり (図 1.1 を見よ)，1 つの辺はその橋の上を通し，もう 1 つの辺は橋の下を通す．各橋は取っ手と見なせるので，そのグラフは c 個の取っ手がついた曲面に描くことができる．したがって種数は c 以下である．□

本書を書いている時点では，種数 g の曲面に対する Kuratowski の定理の完全な拡張は成功していない．種数 0 のグラフでは，2 個の禁止部分グラフ K_5 と $K_{3,3}$ が存在する．それと同じように，g の各値に対して有限個の種数 g の「禁止部分グラフ」が存在することは知られている．これに対しオイラーの公式については，幸運にも種数 g のグラフに対する自然な一般化ができている．この一般化において，種数 g のグラフの面の定義の仕方は明らかである．

定理 14.2 G は種数 g の連結グラフであるとして，n 個の点，m 本の辺，f 個の面があるとする．このとき $n - m + f = 2 - 2g$ である．

[略証] 証明の主なステップの概要を述べて，詳細は省略する．

G は，g 個の取っ手がついた球面に描かれていると仮定しても一般性を失わない．さらに，取っ手と球面の境の曲線 A は G の閉路であると仮定できる．ただし，境界線 A を内部に含む閉路を縮めて，A と一致させると考える．

次に各取っ手の一方の端を切り離すと，取っ手には開放端 E ができ，球面には対応する穴 H ができる．そのとき，上の A に対応する閉路は，その開放端 E および穴 H の両方に現れると仮定すれば，$n - m + f$ は変化しない．なぜならば，その操作によって増える点の数と辺の数は等しいからである (図 14.2 を見よ)．

これらの取っ手の各々を (望遠鏡のように) 縮めてやると，$2g$ 個の穴があいた球面ができる．この縮める操作でも $n - m + f$ の値は変化しないことに注意しよう．しかし，穴のない球面に対して $n - m + f = 2$ であるので，$2g$ 個の穴がある球面では面数が $2g$ 個少なく，$n - m + f = 2 - 2g$ である．このようにして定理が得られる．□

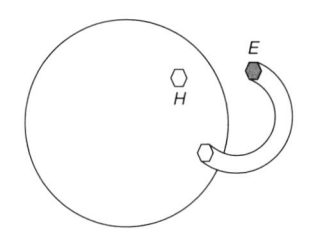

図 14.2

系 14.3 単純連結グラフ G に $n(\geq 4)$ 個の点と m 本の辺があるとき，G の種数 $g(G)$ は次式を満足する．

$$g(G) \geq \left\lceil \frac{1}{6}(m-3n)+1 \right\rceil$$

[証明] 各面は 3 本以上の辺で囲まれているので，(系 13.4(i) の証明のようにして) $3f \leq 2m$ を得る．この不等式を定理 14.2 に代入して，グラフの種数は整数であることを用いれば，系の式が得られる． $\square$

グラフの厚さの場合と同様に，任意のグラフの種数を見つける問題に関しては，あまり成果が得られていない．系 14.3 を利用して種数の下界を求め，直接構成を試みて，所望の描画を求めようというのが普通の方法である．

歴史的に見て重要なケースの 1 つに，完全グラフの種数がある．系 14.3 からわかるように，K_n の種数は次式を満たす．

$$g(K_n) \geq \left\lceil \frac{1}{6}\left(\frac{1}{2}n(n-1)-3n\right)+1 \right\rceil$$

さらに少しだけ代数的操作をすると次式が得られる．

$$g(K_n) \geq \left\lceil \frac{1}{12}(n-3)(n-4) \right\rceil$$

この不等式が実のところ等号で成立することが，1890 年に Heawood によって主張されたが，永い間の苦闘の後に，最終的には Ringel と Youngs によって 1968 年に証明された．

定理 14.4 (Ringel と Youngs 1968 年)

$$g(K_n) = \left\lceil \frac{1}{12}(n-3)(n-4) \right\rceil$$

[注意]　本書では証明しない．この定理の議論と証明は Ringel[35] を参考にされたい．

このような曲面へのグラフ描画に関する詳細や，(射影平面およびメービウスの帯のような)「向きづけ不可能な」曲面上へのグラフ描画に関する議論は，Beineke と Wilson[27] あるいは Gross と Tucker[29] に載っている．

演　習　14

14.1[s]　長方形の対向する 2 つの辺同士を貼り合わせると，トーラスができる (図 14.3 を見よ)．この事実を利用して，K_5 および $K_{3,3}$ のトーラス上への描画を求めよ．

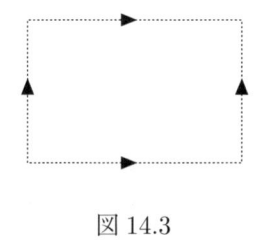

図 14.3

14.2　上の 14.1 の表現法を用いて，ピータスン・グラフの種数は 1 であることを示せ．

14.3[s]　(i) $g(K_7)$ および $g(K_{11})$ を計算せよ．

(ii) 種数 2 の完全グラフの一例を与えよ．

14.4 (i) 定理 14.4 を用いて，$g(K_n) = 7$ なる n は存在しないことを証明せよ．

(ii) 完全グラフの種数にはなり得ない整数で，7 の次に大きいのは何か．

14.5^s (i) 次のような平面的グラフの一例を与えよ：次数 4 の正則グラフであって，すべての面は三角形になっている．

(ii) 上の条件を満足し，かつ種数 $g \geq 1$ のグラフは存在しないことを示せ．

14.6 (i) 系 14.3 と同様にして，三角形のないグラフに対する下界を求めよ．

(ii) 次式を示せ．
$$g(K_{r,s}) \geq \left\lceil \frac{1}{4}(r-2)(s-2) \right\rceil$$
(この不等式は，等号で成立することが Ringel によって示されている．)

14.7* (i) G は非平面的グラフであるが，メービウスの帯に描けるとする．記号はいつもの通りとして次式を証明せよ．
$$n - m + f = 1$$

(ii) K_5 および $K_{3,3}$ をメービウスの帯の曲面に描く方法を示せ．

§15 双対グラフ

定理 12.2 および 12.3 では，平面的グラフであるための必要十分条件を与えた．すなわち，平面的グラフは K_5 または $K_{3,3}$ に位相同形または縮約可能な部分グラフを含まない．これから議論する条件はやや異なった形をしていて，双対性の概念が関与してくる．

平面的グラフ G が与えられたとき，G の (幾何学的) 双対グラフ と呼ばれる別なグラフ G^* を，次の 2 つのステップで構成する．

(i) G の各面 f の内側の (平面上の) 点 v^* を選ぶ．これらが G^* の点になる．

(ii) G の各辺 e に対応させて e にだけ交差する線 e^* を描いて，e に接する 2 つの面 f の点 v^* を結ぶようにする．これらの線が G^* の辺になる．

上の手続きの一例を図 15.1 に示す．点 v^* は □ 印で，G の辺 e は実線で，G^* の辺 e^* は点線で描かれている．G の端点に接続している辺からは G^* のループができる．橋も同じである．また，G のある 2 つの面が 2 本以上の辺を共有するときには，G^* の多重辺ができる．

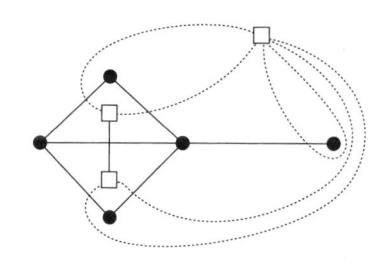

図 15.1

双対性の幾何学的な考えは，きわめて古くからあったことに注意しよう．例えば，西暦 500～600 年頃に書かれた「ユークリッドの第 15 番目の本」には次のように述べられている：正立方体の双対は正八面体であり，正十二面体の双対は正二十面体である (演習 15.2 を見よ)．上のようにして，G から得られるグラフは明らかに同形でなければならない．すなわち G の双対グラフは一意に定まる．しかしながら，注意したいことに，G が H と同形であるからといって，G^* が H^* と同形であるとは限らない．この一例を演習 15.5 に与える．

G が平面グラフでしかも連結ならば，G^* も平面グラフで連結であり，G と G^* の点，辺，面の個数の間には簡単な関係がある．

> **補題 15.1** 平面連結グラフ G には n 個の点，m 本の辺，f 個の面があるとして，その幾何学的双対グラフ G^* には n^* 個の点，m^* 本の辺，f^* 個の面があるとする．このとき $n^* = f, m^* = m, f^* = n$ である．

[証明] 最初の 2 つの式は G^* の定義から直ちに得られる．G と G^* の両方に

オイラーの公式を適用し，前の2つの式を代入すれば，最後の式が直ちにわかる． □

平面グラフ G の双対グラフ G^* もまた平面グラフであるから，G^* からまた双対グラフをつくれる．(それを G^{**} と書く．) もし G が連結ならば，G^{**} と G の関係はきわめて簡単になる．次に示す．

> **定理 15.2** G が連結平面ならば，G^{**} は G に同形である．

[証明] G^* の構成法を逆向きにたどれば，G^* から G が得られることからほとんど直ちに証明できる．(例えば，図 15.1 においてグラフ G はグラフ G^* の双対である．) G^* の面に G の点が 2 つ以上含まれることはないことを確かめればよい．1 つ含まれることは確かである．また $n^{**} = f^* = n$ から 2 つ以上含まれないこともわかる．n^{**} は G^{**} の点の個数である． □

さて今度は，平面的グラフ G について考えてみよう．G の双対を定義するには，G の平面描画を 1 つ選び，その幾何学的双対をつくればよい．しかし一般に一意性は成り立たない．双対は平面的グラフに対してだけ定義したので，いうまでもなく，平面的グラフであるための必要十分条件は双対があることである．しかし，任意のグラフが平面的であるかを，上記の要領で決める方法はない．幾何学的双対より一般化した双対の概念で，しかも与えられたグラフが平面的であるかどうかを決定するのに，少なくとも原理的には役立つような概念を見つけることが望まれる．このような1つの定義として，平面的グラフ G の閉路とカットセットの間の双対な関係が利用される．初めにこの関係について述べて，ついでそれを利用した定義を与える．別の定義が演習 15.11 にも与えられている．

> **定理 15.3** G は平面的グラフとし，G の幾何学的双対を G^* とする．G の辺のある集合が G において閉路であるための必要十分条件は，それに対応する G^* の辺集合が G^* においてカットセットになることである．

[証明] G は連結平面グラフであるとする．C が G の閉路ならば，C の内側

には G の有限面が 1 つ以上あるので，C の内部にある G^* の点の集合 S は空でない．よって，C の辺に交差する G^* の辺は G^* でカットセットになっており，それらを除去すると G^* は 2 つの部分グラフに分離され，1 つのグラフは点集合 S をもち，他方には残りの点が含まれる (図 15.2 を見よ)．逆向きの証明も同様であるので省略する．□

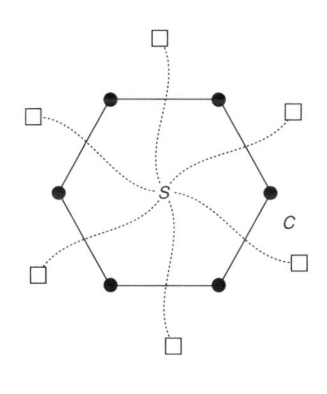

図 15.2

系 15.4 G の辺のある集合が G のカットセットであるための必要十分条件は，対応する G^* の辺集合が G^* の閉路になることである．

[証明] 定理 15.3 を G^* に適用し，定理 15.2 を用いれば，直ちに証明できる．
□

定理 15.3 を手がかりにして，双対性の抽象的な定義を与えよう．この定義には平面的グラフ特有の性質は何も使われておらず，2 つのグラフの間の関係だけが関与していることに注意しよう．

グラフ G^* がグラフ G の**抽象的双対** (abstract dual) であるというのは，次の場合である：G の辺集合と G^* の辺集合の間に一対一対応があり，しかも G の辺のある集合が G において閉路になるのは，対応する G^* の辺の集合が G^* においてカットセットになるときであり，かつそのときに限る．一例として，図

15.3 には 1 つのグラフとその抽象的双対を示した．対応する辺には同じ文字を与えた．

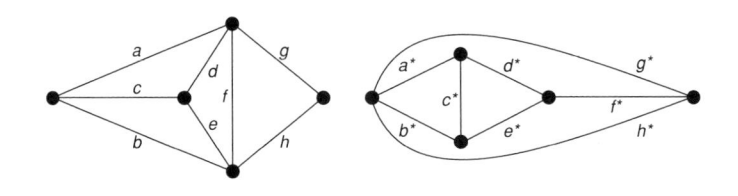

図 15.3

定理 15.3 から明らかなように，抽象的双対の概念は幾何学的双対を一般化している．というのも，G^* が平面的グラフ G の幾何学的双対ならば，G^* は G の抽象的双対でもあるからである．幾何学的双対に関する諸結果と同様な結果を，抽象的双対に関して求めるべきなのであるが，これらのうちの 1 つだけを与えよう．すなわち，定理 15.2 の抽象的双対版を与える．

定理 15.5 G^* が G の抽象的双対ならば，G は G^* の抽象的双対である．

[注意] G は連結でなくてもよい．

[証明] C は G のカットセットとし，G^* の対応する辺集合を C^* とする．C^* は G^* の閉路であることを示せば十分である．演習 5.12 の最初の部分からして，C は G のどの閉路とも偶数本の共通辺をもつので，C^* は G^* のどのカットセットとも偶数本の共通辺をもつはずである．演習 5.12 の第 2 の部分からして，C^* は G^* の 1 つの閉路であるか，あるいは G^* の 2 つ以上の閉路の辺素な和である．しかし，2 つ以上でないことは次のようにしてわかる．上と同様にして，G^* の閉路は G の辺素なカットセットの和に対応するので，もし C^* が 2 つの和ならば，C は 1 つのカットセットではなくて 2 つ以上の辺素なカットセットの和であることになってしまう．□

抽象的双対の定義は一見不可思議に見えるが，望ましい性質を満足していることが明らかになる．定理 15.3 に示したように，平面的グラフは抽象的双対 (例

えば幾何学的双対)をもつ．次にその逆，すなわち，抽象的双対をもつグラフは平面的でなければならないことを示そう．言い換えれば，双対性の抽象的定義によって，幾何学的双対を一般化し，かつ平面的グラフを特性化する定義が得られることになる．抽象的双対の定義は，マトロイド理論における双対性の研究から自然に得られることがわかるであろう (§32を見よ)．

> **定理 15.6** 平面的グラフであるための必要十分条件は，抽象的双対が存在することである．

[注意] 何通りかの証明があるが，ここでは Kuratowski の定理を利用している．

[略証] 上で述べたように，G の抽象的双対 G^* があるならば，G は平面的であることを証明すればよい．その証明は次の4つのステップで行なう．

(i) G から辺 e を除去して得られたグラフの抽象的双対は，G^* から対応する辺 e^* を縮約して得られることに留意しよう．この手続きを繰り返す．このとき，G が抽象的双対をもつならば，G の任意の部分グラフも抽象的双対をもつことがいえる．

(ii) 次のことがわかる: G が抽象的双対をもち，G' が G に位相同形ならば，G' も抽象的双対をもつ．なぜならば，G に次数2の点を挿入あるいは除去することは，G^* では「多重辺」を付加あるいは除去することに対応するからである．

(iii) ここでは，K_5 および $K_{3,3}$ のどちらも抽象的双対をもたないことを示す．G^* を $K_{3,3}$ の双対とする．$K_{3,3}$ には長さ4または6の閉路しかなく，2本の辺からなるカットセットもないから，G^* には多重辺がなく，しかも G^* の各点の次数は4以上である．よって，G^* には点が5個以上なければならず，$(5 \times 4)/2 = 10$ 本以上の辺があることになるが，これは矛盾である．K_5 の場合の議論も同様であるので省略する．

(iv) 次に，G は非平面的グラフだが抽象的双対 G^* をもつとする．このとき，Kuratowski の定理により，K_5 あるいは $K_{3,3}$ に位相同形な部分グラフ H が G に含まれる．(i) と (ii) からわかるように，H したがって K_5 あるいは $K_{3,3}$ に抽象的双対があることになり，(iii) に矛盾する．□

演習 15

15.1^s　図 15.4 の 2 つのグラフの双対を見つけて，これらの双対グラフに対して補題 15.1 を確かめよ．

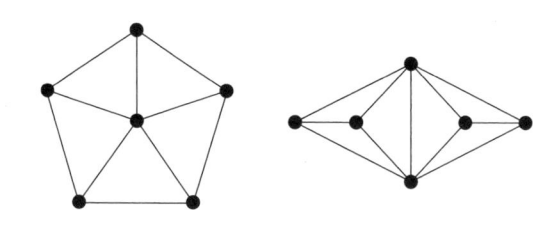

図 15.4

15.2　立方体グラフの双対は正八面体グラフであり，正十二面体グラフの双対は正二十面体グラフであることを示せ．

15.3　車輪の双対は車輪であることを示せ．

15.4^s　双対性を用いて次のことを証明せよ：面が 5 個ある平面グラフで，どの 2 つの面も辺を共有しているようなものは存在しない．

15.5^s　図 15.5 の 2 つのグラフは同形であるが，その幾何学的双対は同形でないことを示せ．

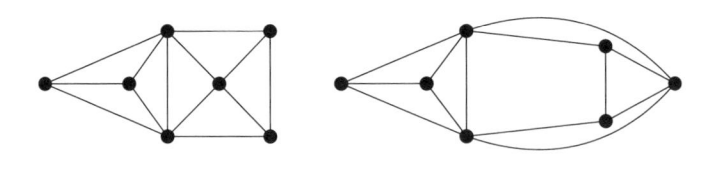

図 15.5

15.6　(i) 平面グラフ G が非連結ならば G^{**} は G に同形でないことを例で示せ．

(ii) 上の (i) のことを一般的に証明せよ．

15.7^s　演習 13.4 の結果を双対化せよ．

15.8^s　平面グラフ G が 3 連結ならば，G の幾何学的双対は単純グラフであることを証明せよ．

15.9^s　G は連結な平面グラフとする．定理 5.1 と系 6.3 を用いて次のことを証明せよ: G が二部グラフであるための必要十分条件は，G の双対 G^* がオイラー・グラフであることである．

15.10　(i) G が連結な平面グラフであるとき，G の任意の全域木は G^* のある全域木の補グラフに対応することを例で示せ．
(ii) 上の (i) の結果を一般的に証明せよ．

15.11*　グラフ G^* が G の **Whitney 双対** と定義されるのは次のときである: $E(G)$ と $E(G^*)$ の間に一対一対応があり，$V(H) = V(G)$ なる G の任意の部分グラフ H，および H に対応する G^* の部分グラフ H^* について
$$\gamma(H) + \xi(\tilde{H}^*) = \xi(G^*)$$
が成り立つ．ただし $\tilde{H}^*$ は G^* から H^* の辺を除去して得られるグラフであり，γ と ξ は §9 に定義した通りとする．
(i) Whitney 双対は，幾何学的双対の考えを一般化していることを示せ．
(ii) G^* が G の Whitney 双対ならば，G は G^* の Whitney 双対であることを証明せよ．

(平面的グラフであるための必要十分条件はこのような双対をもつことであることを，1932 年に H. Whitney が証明した.)

§16　無限グラフ

前節までに与えた定義のいくつかが，無限グラフにどう拡張できるかを本節では示そう．**無限グラフ** (infinite graph) $G = (V(G), E(G))$ では，$V(G)$ は点と

呼ばれる元の無限集合であり，$E(G)$ は $V(G)$ の非順序対の無限族である．$E(G)$ の元は**辺**と呼ばれる．$V(G)$ と $E(G)$ の両方が加算無限のとき，G は**加算グラフ** (countable graph) といわれる．これらの定義では，$V(G)$ が無限なのに $E(G)$ は有限であること (すなわち有限グラフに無限個の孤立点がついている場合) や，$V(G)$ が有限であること (すなわち無限個のループや多重辺がある本質的には有限なグラフの場合) の可能性は認めていないことに留意されたい．

以前に与えた定義の多く (「隣接」「接続」「同形」「部分グラフ」「連結」「平面的」など) は直ちに無限グラフに一般化できる．無限グラフの点 v の**次数**は v に接続する辺の集合の元数と定義するが，それは有限とは限らない．点の次数がすべて有限な無限グラフは**局所有限** (locally finite) と呼ばれる．無限正方格子および無限三角格子がその重要な例であり，図 16.1 および図 16.2 に示す．同様にして，各点の次数が可算であるとき，**局所可算**無限グラフという．これらの定義の下に，次の簡単ではあるが基本的な結果を証明する．

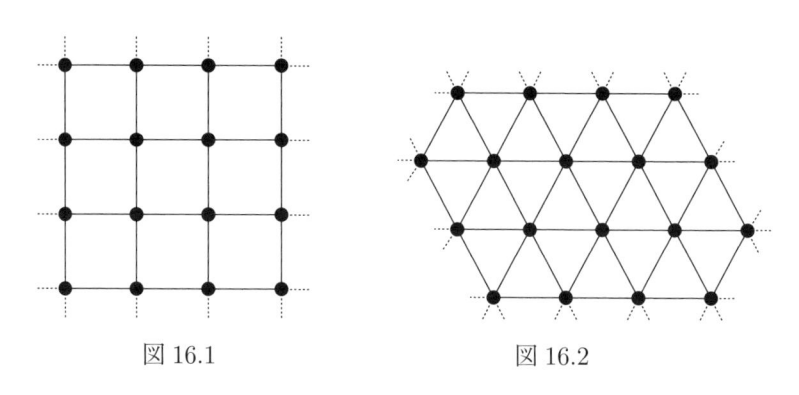

図 16.1

図 16.2

定理 16.1 連結な局所可算無限グラフはすべて可算グラフである．

[証明] このような無限グラフの任意の点を v とし，v に隣接している点の集合を A_1 とし，A_1 の点に隣接しているすべての点の集合を A_2 とし，以下同様にする．仮定により，A_1 は可算であり，$A_2, A_3, \cdots$ も可算である．なぜなら可算集合の可算個の和は可算であるという事実をここで用いた．よって，系列

$\{v\}, A_1, A_2, \cdots$ はその和が可算である．しかも，その無限グラフは連結であるので，その点はすべて上の系列のどこかに入っている．これで証明ができた．□

> **系 16.2** 連結かつ局所有限な無限グラフはすべて可算グラフである．

無限グラフ G に対して**歩道**の概念を拡張できるが，それには次の3種類がある．

(i) G の**有限歩道** (finite walk) は §5 と全く同じように定義される．
(ii) $v_0v_1, v_1v_2, \cdots$ の形をした辺の無限系列は，v_0 を始点とする G の**一方向無限歩道** (one-way infinite walk) という．
(iii) $\cdots, v_{-2}v_{-1}, v_{-1}v_0, v_0v_1, v_1v_2, \cdots$ の形をした辺の無限系列は**二方向無限歩道** (two-way infinite walk) という．

一方向あるいは二方向無限小道および道の定義の仕方は類似している．また，道の長さや2点間の距離なども同様である．**König の補題** として知られている次の結果からわかるように，無限道を捕えることは難しくない．

> **定理 16.3** (König 1927年)　G は連結な局所有限な無限グラフとする．このとき，G の任意の点 v に対して，v を始点とする一方向無限道が存在する．

[証明]　z が G の v 以外の点ならば，v から z への自明ではない道がある．したがって，v を始点とする道が G には無限個ある．v の次数は有限であるので，最初の辺が同一の道が無限個なければならない．このような辺を vv_1 として，v_1 について同じことを繰り返すと，新しい点 v_2 と対応する辺 v_1v_2 が決まる．これを続けると，一方向無限道 $v \to v_1 \to v_2 \to \cdots$ が得られる．□

König の補題を用いれば，無限グラフに関する結果を，対応する有限グラフの結果から導くことができる．ここにその補題の重要性がある．次の定理はその典型的な例である．

> **定理 16.4** G は可算グラフであり，その有限な部分グラフがすべて平面的ならば，G は平面的である．

[証明]　G は可算であるので，その点は $v_1, v_2, v_3, \cdots$ と数え上げることができる．G の部分グラフの真増大系列 $G \subset G_2 \subset G_3 \subset \cdots$ をつくる．ここで G_k は点 $v_1, \cdots, v_k$ からなる部分グラフであり，これらの点を結ぶ G の辺全部が G_k の辺である．G_i の平面への描き方で位相幾何学的に異なるものは有限 $m(i)$ 個なので，別な無限グラフ H をつくることができる．ただし H の点 $w_{ij}(i \geq 1, 1 \leq j \leq m(i))$ はグラフ G_i の種々の描画に対応し，H の辺が w_{ij} と w_{kl} を結ぶのは，$k = i+1$ かつ w_{kl} に対応する平面描画が w_{ij} に対応する描画を「拡張」しているときであるとする．H は明らかに連結で局所有限であるので，Königの補題からして H には一方向無限道がある．G は可算であるので，この無限道から G の平面描画が得られる．□

集合論のいくつかの公理(特に選択公理の非可算版)をさらに仮定すれば，上で証明したような結果が必ずしも可算とは限らない無限グラフにまで拡張できる．

無限グラフという脇道にそれたが，最後に無限オイラー・グラフについて簡単にふれておこう．連結無限グラフ G のすべての辺を含む二方向無限小道が存在するとき，G は**オイラー・グラフ**であると定義するのが自然である．このような無限小道は二方向**オイラー小道**と呼ばれる．これらの定義からして，G は可算でなければならないことに注意しよう．無限オイラー・グラフであるために必要ないくつかの条件が，次の定理で与えられる．

> **定理 16.5**　G は連結可算オイラー・グラフとする．このとき
>
> (i) G には奇数次の点はない．
> (ii) G のすべての有限部分グラフ H に対して，G から H の辺を除去して得られる無限グラフ $\bar{H}$ の無限連結成分は高々2つしかない．
> (iii) さらに H の各点が偶数次ならば $\bar{H}$ の無限連結成分は1つしかない．

[証明]　(i) オイラー小道を P とする．このとき定理 6.2 の証明で与えた議論

により，G の点の次数はすべて偶数かあるいは無限である．

(ii) P を次のような3つの部分道 P_-, P_0, P_+ に分割しよう．ここで，P_0 は H のすべての辺およびいくつか他の辺を含む有限道であり，P_- および P_+ はどちらも一方向無限道である．P_- と P_+ の辺，およびそれらに接続している点からできる無限グラフ K には，無限成分が高々2個しかない．$\bar{H}$ は K に有限個の辺を付加して得られるので，証明ができた．

(iii) v が P_0 の始点，w が終点とする．$\bar{H}$ において v と w が連結されていることを示したい．$v = w$ なら自明である．$v \neq w$ ならば，次のようにする．P_0 から H の辺を除去して得られるグラフには，仮定により奇数次の点はちょうど2個 (v と w) しかない．これに系6.4を適用すれば証明が得られる．□

上の定理に与えた必要条件は十分条件であることがわかる．この結果を次に定理として述べる．その証明は Ore[10] を見られたい．

定理 16.6 G は連結な可算グラフとする．G がオイラー・グラフであるための必要十分条件は定理 16.5 の条件 (i), (ii) および (iii) が成立することである．

演習 16

16.1^s 次の各々に対して一例を与えよ．
  (i) 端点が無限個ある無限グラフ
  (ii) 点および辺が非可算的無限個ある無限グラフ
  (iii) 無限連結3次グラフ
  (iv) 無限二部グラフ
  (v) 無限非平面的グラフ
  (vi) 無限木

16.2^s 次のことを例で示せ: 無限グラフは局所有限であるという条件を除くと，König の補題は成立しなくなる．

16.3　$V(G)$ および $E(G)$ を，実数全体の集合のある部分集合と一対一対応させることができるならば，無限グラフ G はユークリッド 3-空間に描画できることを示せ．

16.4*　(i) 無限正方格子 S のオイラー小道を見つけよ．
(ii) S は定理 16.5 の条件をすべて満足することを確かめよ．

16.5*　演習 16.4 と同じことを無限三角格子に対して行なえ．

16.6*　無限正方格子には，各点をちょうど 1 回だけ通る一方向および二方向無限道の両方が存在することを示せ．

第6章　グラフの彩色

本章ではグラフや地図の彩色を調べるが，4色定理およびそれに関連した話題に特に重点をおく．§17 と §18 では，各辺の両端点が異なる色になるように，グラフの点に色を塗る．§19 では，点の彩色と地図の彩色の間の関係をもっぱら扱う．§20 では，これらの両者がグラフの辺の彩色に関する問題と関連づけられる．この種の問題はすべて本質的には定性的である．というのも，与えられた色の数でグラフを彩色できるかどうかを問題にしているからである．最後の §21 で，彩色多項式を使って彩色の仕方が**何通り**あるかを議論する．

§17　点彩色

グラフ G にはループがないとする．k 個の色の 1 つを G の各点に割り当てて，隣接するどの 2 つの点も同じ色にならないようにできるとき，G は **k-彩色可能** (k-colourable) であるという．G が k 彩色可能であるが，$(k-1)$-彩色可能ではないとき，G は **k-彩色的** (k-chromatic) であり，G の**彩色数** (chromatic number) は k であるといい，$\chi(G) = k$ と書く．図 17.1 に示したグラフは $\chi(G) = 4$ であり，その色はギリシア文字で示してある．むろんそのグラフ G は $k \geq 4$ なる k に対して k-彩色可能である．ここで述べるすべてのグラフにはループがないと仮定する．多重辺はここでの議論では関係がない．またすべてのグラフは連結グラフと仮定する．

明らかに $\chi(K_n) = n$ であるので，いくらでも大きな彩色数のグラフを容易につくることができる．小さいほうでは，$\chi(G) = 1$ なのは G が空グラフのときであり，$\chi(G) = 2$ なのは G が空グラフでない二部グラフのときであり，いずれもそのときに限ることが容易にわかる．注意してもらいたいことには，木は

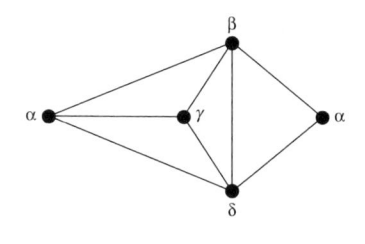

図 17.1

すべて 2-彩色的であり，偶数個の点がある閉路も同様である．

　3-彩色的なグラフの例を与えることは容易であるが，どんな条件があれば 3-彩色的であるのかは知られていない．3-彩色的グラフの例として，奇数個の点をもつ閉路グラフ，奇数個の点をもつ車輪，ピータスン・グラフがある．偶数個の点をもつ車輪は 4-彩色的である．

　一般のグラフの彩色数については，あまり多くのことは知られていない．グラフに n 個の点があるならば，明らかにその彩色数は n 以下であり，部分グラフとして K_r を含むならば，その彩色数は r 以上である．しかし，これらの結果はどうということがない．だた，グラフの各点の次数がわかっていれば，かなりの前進が望める．

> **定理 17.1** 単純グラフ G の最大次数が Δ ならば，G は $(\Delta+1)$-彩色可能である．

[証明] G の点の個数に関する帰納法で証明する．単純グラフ G には n 個の点があるとする．任意の点 v および v に接続している辺を除去してできた単純グラフには $n-1$ 個の点があり，その最大次数は Δ 以下である (図 17.2 を見よ)．帰納法の仮定により，このグラフは $(\Delta+1)$-彩色可能である．このとき，v に隣接している (Δ 個以下の) 点とは異なる色で v を彩色すれば，G の $(\Delta+1)$-彩色が得られる．□

　より注意深く扱えば，この定理は次のように少し強めることができる．それ

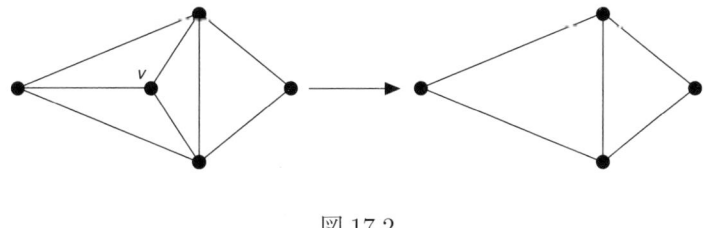

図 17.2

はBrooksの定理として知られており，その証明は次節で与えられる．

定理 17.2 (Brooks 1941年)　G は単純連結グラフで，完全グラフではないとする．G の最大次数が $\Delta (\geq 3)$ ならば，G は Δ-彩色可能である．

各点の次数がほとんど同じ場合に，これらの定理は有用である．例えば，定理 17.1 により，3 次グラフはすべて 4-彩色可能である．また定理 17.2 により，K_4 以外の連結な 3 次グラフはすべて 3-彩色可能である．ところが，大きな次数の点があまりないときには，これらの定理はほとんど何も教えてくれない．例えば，グラフ $K_{1,s}$ を考えてみればよくわかるであろう．Brooks の定理によれば $K_{1,s}$ は s-彩色可能であるが，実際には 2-彩色的である．現在のところ，こうした状況を避ける真に有効な方法はないが，ほんの少し役立つ手段ならある．

平面的グラフに制限して考える場合には，上のような落胆すべき状況は起きない．すべての単純平面的グラフは 6-彩色可能である，というやや強い結果がきわめて容易に証明できてしまう．

定理 17.3　すべての単純平面グラフは 6-彩色可能である．

[証明]　この証明は定理 17.1 の証明と非常によく似ている．点の個数に関する帰納法で証明する．6 点以下の単純平面的グラフに対して成立することは自明である．G は n 個の点をもつ単純平面的グラフとし，$n-1$ 個の点をもつすべての単純平面的グラフは 6-彩色可能とする．定理 13.6 により G には 5 次以下の点 v がある．v と v に接続する辺を除去すると，残りのグラフには点が $n-1$

個しかないので 6-彩色可能である (図 17.3 を見よ). v に隣接している (5 個以下の) 点とは異なる色で v を彩色すれば, G の 6-彩色が得られる. □

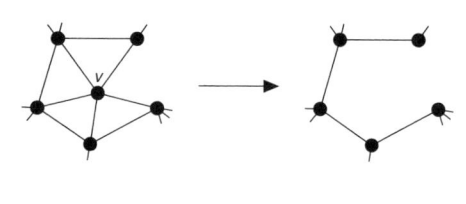

図 17.3

定理 17.1 のときと同様に, この定理 17.3 もより注意深く取り扱えば, **5 色定理** (five-colour theorem) と呼ばれる結果にまで一般化できる.

定理 17.4 すべての単純平面的グラフは 5-彩色可能である.

[証明] 証明の方法は定理 17.3 と同様であるが, 細部はより複雑である. 点の個数に関する帰納法で証明しよう. 5 点以下のグラフに対しては自明である. G は n 個の点をもつ単純平面的グラフとし, $n-1$ 個以下の点をもつすべての単純平面的グラフは 5-彩色可能とする. 定理 13.6 により, G には 5 次以下の点 v がある. 前と同じように v を除去すると, $n-1$ 個の点のグラフが得られ, それは 5-彩色可能である. 5 色のうちの 1 色で v を彩色して, G の 5-彩色を完成できることを以下に示す.

$\deg(v) < 5$ ならば, v に隣接している (4 個以下の) 点とは異なる任意の色で彩色できるので, この場合の証明は終わる. よって $\deg(v) = 5$ としてよい. いま図 17.4 に示すように, v に隣接する点 $v_1, \cdots, v_5$ はこの順序で v のまわりに配置されているとする. もし $v_1, \cdots, v_5$ がすべて互いに隣接しているならば, G には部分グラフとして非平面的グラフ K_5 が含まれることになるが, これはあり得ない. したがって, 隣接していない 2 つの点 (v_1 と v_3 とする) がある.

2 本の辺 vv_1 および vv_3 を縮約しよう. 平面的グラフができ, それには高々 $n-1$ 個しか点がないので, 5-彩色可能である. 次に 2 本の辺をもとに戻す. ただし, v に割り当てられた色で v_1 および v_3 の両方を彩色する. 点 v_i に割り当

§17 点彩色   119

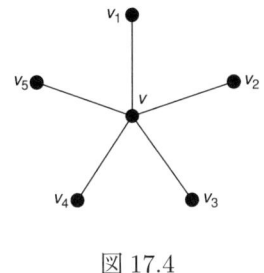

図 17.4

てられた (高々 4 つの) 色とは異なる色で v を彩色すれば，G の 5-彩色が得られる． □

この結果を，さらに強化できるかどうか調べたいと思うのは自然であり，数学界における最も有名な未解決問題の 1 つであった「4 色問題」がここから発生した．この問題は地図の彩色の形で 1852 年に提起され，やっと 1976 年に K. Appel と W. Haken により解かれた．

> **定理 17.5**　すべての単純平面的グラフは 4-彩色可能である．

彼らの証明には数年の歳月とかなりの計算機使用時間が必要であったが，究極的には，5 色定理の証明で用いられた方法を複雑に拡張して成功した．この証明のもっと詳しいことは，Saaty と Kainen[36] あるいは Beineke と Wilson[27] にある．

点彩色の簡単な応用を述べてこの節を終えよう．化学者が 5 つの化学薬品 a, b, c, d, e を倉庫に保管したいとする．この薬品のなかには接触すると激しく反応をおこすものがあるので，それらは分離して保管しなければいけない．下の表の星印 (*) は互いに分離して保管すべき化学薬品を表わしている．さて保管場所はいくつ必要か．

第 6 章　グラフの彩色

	a	b	c	d	e
a	—	*	*	*	—
b	*	—	*	*	*
c	*	*	—	*	—
d	*	*	*	—	*
e	—	*	—	*	—

まず，5つの化学薬品を点で表わすグラフを描く．ただし分離して保管すべき化学薬品に対応する2点は隣接するようにする (図 17.5 を見よ).

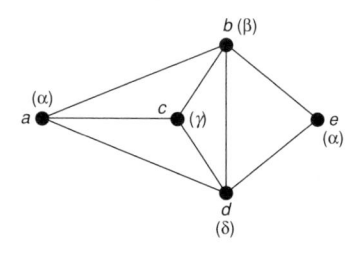

図 17.5

ギリシャ文字で示されるように点を彩色すれば，その色が必要な場所に対応することになる．この場合彩色数は4であり，必要な保管場所は4つである．例えば化学薬品 a と e は α に保管できるであろうし，b は β，c は γ，d は δ にそれぞれ保管できるであろう．

演 習 17

17.1^s　図 17.6 のグラフの彩色数を求めよ．

17.2　図 17.7 のグラフの彩色数を求めよ．

17.3^s　図 2.9 の表から 2-彩色的，3-彩色的，4-彩色的なグラフを探せ．

17.4　次のグラフの彩色数はいくらか．

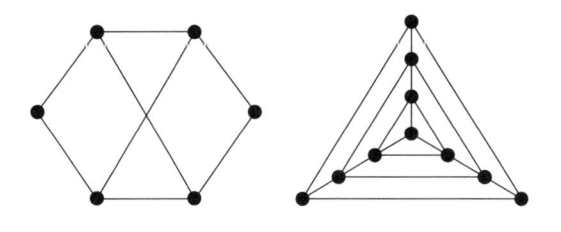

図 17.6

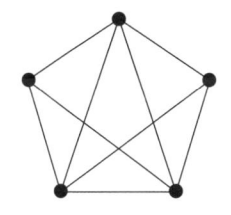

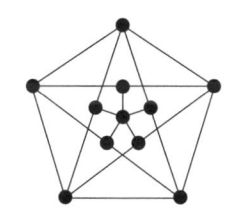

図 17.7

   (i) 各プラトン・グラフ
   (ii) 完全三部グラフ $K_{r,s,t}$
   (iii) k-立方体 Q_k

17.5[s]   次のグラフに対し，Brooks の定理で与えられる彩色数の上界と上で求めた真値とを比べよ．
   (i) ピータスン・グラフ
   (ii) k-立方体 Q_k

17.6   講義の時間割をたてる．複数の講義を受けたい学生もいるので，講義によっては同じ時間帯を避けなければいけない．下の表の星印 (*) は同じ時間帯であってはいけない講義を表わしている．この 7 つの講義の時間割には何時間必要か．

	a	b	c	d	e	f	g
a	—	*	*	*	—	—	*
b	*	—	*	*	*	—	*
c	*	*	—	*	—	*	—
d	*	*	*	—	—	*	—
e	—	*	—	—	—	—	—
f	—	—	*	*	—	—	*
g	*	*	—	—	—	*	—

17.7^s 単純グラフ G は n 個の点をもち,次数 d の正則グラフとする.同じ色を割り当てられる点の個数を考えて,$\chi(G) \geq n/(n-d)$ を証明せよ.

17.8 G は単純平面的グラフであり,三角形がないとする.
 (i) オイラーの公式を用いて次のことを証明せよ:G には次数 3 以下の点がある.
 (ii) G が 4-彩色可能であることを帰納法を用いて示せ.
 (実際には G は 3-彩色可能であることが証明できる.)

17.9* 上の演習 17.8 の結果を次の場合にまで一般化せよ.
 (i) 内周が r の G
 (ii) 厚さ t の G

17.10* 前述の 5 色定理の証明法を適用して,4 色定理を証明してみよ.その証明はどこでつまずくか.

17.11* $\chi(G) = k$ であるが,任意の点を除去すると彩色数が小さくなるとき,グラフ G は **k-臨界的** (k-critical) という.
 (i) すべての 2-臨界的グラフおよび 3-臨界的グラフを見つけよ.
 (ii) 4-臨界的グラフの例を与えよ.
 (iii) G が k-臨界的ならば,次の (a) および (b) が成立することを証明せよ.
  (a) G の点の次数はすべて $k-1$ 以上である.

(b) G にカット点はない．

17.12* G は可算グラフであり，その部分グラフはすべて k-彩色可能であるとする．
   (i) König の補題を用いて G は k-彩色可能であることを証明せよ．
   (ii) 可算平面的グラフは 4-彩色可能であることを示せ．

§18 Brooks の定理

続き具合をよくするために，Brooks の定理 (定理 17.2) の証明を後回しにしたが，その証明をここで与えよう．

> **定理 17.2** G は単純連結グラフであり，完全グラフではなく，G の最大次数が $\Delta(\geq 3)$ であるならば，G は Δ-彩色可能である．

[証明] いつものように G の点の個数の帰納法で証明する．G には点が n 個あるとする．次数が $\Delta-1$ 以下の点があれば，定理 17.1 の証明と同様にして証明できる．よって，G は次数 Δ の正則グラフであると仮定して一般性を失わない．

任意の点 v を選び，除去する．残ったグラフには点が $n-1$ 個あり，その最大次数は高々 Δ である．帰納法の仮定によりこのグラフは Δ-彩色可能である．Δ 色の 1 つで v を彩色できることをこれから示そう．v に隣接している点 $v_1,\cdots,v_\Delta$ はこの順序で v のまわりに配置されており，それらは異なる色 $c_1,\cdots,c_\Delta$ で彩色されていると仮定できる．なぜならば，同じ色の点があれば，v に彩色できる色が余っていることになるからである．

次に G の部分グラフ $H_{ij}(i \neq j, 1 \leq i,j \leq \Delta)$ を定義しよう．H_{ij} の点は c_i あるいは c_j で彩色された点すべてからなり，H_{ij} の辺は c_i で彩色された点と c_j で彩色された点を結ぶ G の辺すべてからなるとする．もし点 v_i と v_j が H_{ij} の異なる成分に入っているならば，v_i が入っている成分のすべての点について色 c_i と c_j を交換することができる (図 18.1 を見よ)．この再彩色の結果，v_i と

v_j の両方とも色 c_j になり，v は c_i で彩色できることになる．このようにして，任意の i と j に対し，点 v_i と v_j は H_{ij} に含まれる道で連結されていると仮定してよい．v_i と v_j を含むその成分を C_{ij} と表わす．

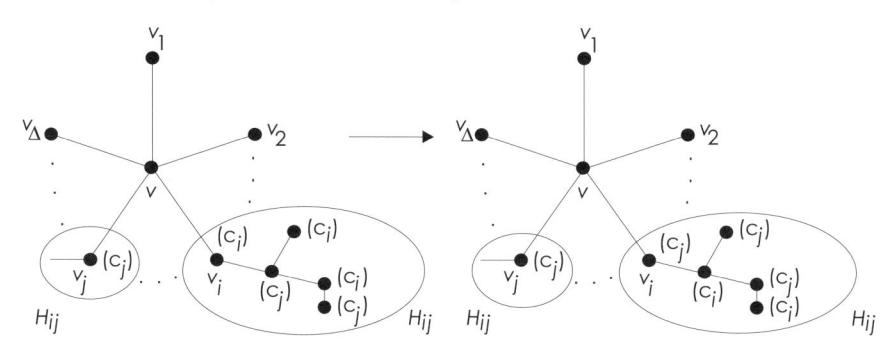

図 18.1

明らかなことであるが，もし v_i に隣接している点で色 c_j の点が 2 個以上あるとすると，v_i に隣接するいずれの点にも使われていない (c_i 以外の) 色があることになる．この場合には v_i をこの色で彩色し直せば，v を色 c_i で彩色できることになる．同様な議論により，C_{ij} の (v_i と v_j 以外の) 点の次数はすべて 2 であることが示せる．なぜならば，v_i から v_j へ行く道の上で，次数が 3 以上の最初の点を w とすると，w は c_i や c_j と異なる色で再彩色できることになり，その結果，v_i と v_j が C_{ij} に入っている道で連結されているという性質が満足されなくなってしまうからである (図 18.2 を見よ)．このようにして，任意の i, j に対して成分 C_{ij} は v_i から v_j への 1 本の道だけからなっていることがわかる．

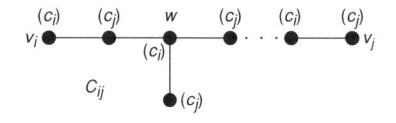

図 18.2

また $i \neq l$ なる任意の 2 つの道 C_{ij} と C_{jl} は v_j でしか交差しないと仮定でき

る．なぜならば，v_j 以外の点 x で交差するならば c_i, c_j, c_l 以外の色を用いて x を再彩色できて (図 18.3 を見よ)，v_i と v_j は 1 つの道で連結されるという事実に反するからである．

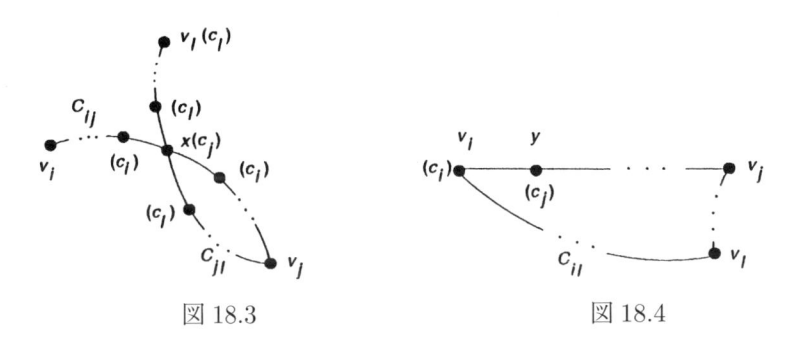

図 18.3

図 18.4

証明を完結しよう．隣接していない 2 つの点 v_i と v_j を選び，v_i に隣接している色 c_j の点を y とする．C_{il} が ($l \neq j$ なる) 道のとき，この道上のすべての点について色を交換しても，グラフの残りの部分の彩色には影響はない (図 18.4 を見よ)．しかしこの交換を実行すると，y は点 v_i と v_j を結ぶ色 l, j の道 C_{ij} と点 v_j と v_l を結ぶ色 j, i の道 C_{jl} の共通な点になってしまい，矛盾である．この矛盾により定理は証明できたことになる．□

§19　地図の彩色

4 色問題の出現は，歴史的には地図の彩色と関連している．複数の国が載っている地図があるとき，隣合っている国は同じ色にならないように，国を色分けするのに何色必要か知りたい．すべての地図は 4 色だけで彩色できるという命題として，4 色定理が知られていることが多い．図 19.1 は 4 色で彩色された地図の例である．

この命題をより正確にするためには，「地図」とはそもそも何であるかをきちんと述べなければならない．ここで考える地図の彩色問題では，辺の両側の 2 つの色は異なる必要があるので，橋があるような地図は除外する (図 19.2 を見よ)．また次数 2 の点も簡単に除去できるので除外する．したがって便宜上，**地図** (map) と 3-連結平面グラフと定義する．よって地図は，1 本あるいは 2 本の

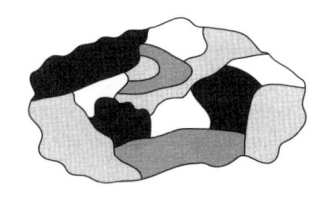

図 19.1

辺からなるカットセットを含まず，特に次数 1 あるいは 2 の点を含まない．橋の除外は §17 でのループの除外に対応することがわかるであろう．

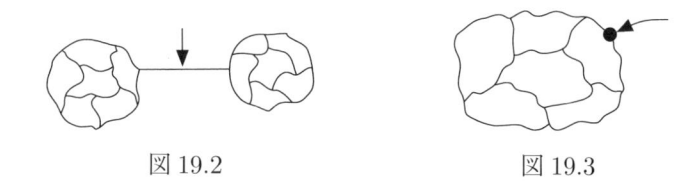

図 19.2　　　　　　　　　図 19.3

地図の隣接している 2 つの面 (すなわち辺を共有する 2 つの面) が同じ色にならないように k 色で面を彩色できるとき，地図は **k-(面) 彩色可能** (k-colourable(f)) であると定義する．誤解するおそれがあるときには，普通の意味の k-彩色可能を **k-(点) 彩色可能** (k-colourable(v)) と書くことにする．例えば図 19.4 の地図は 3-(面) 彩色可能であり，4-(点) 彩色可能である．

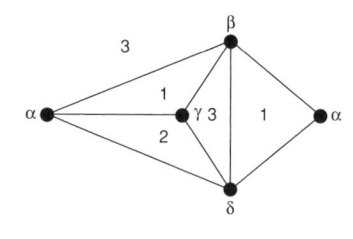

図 19.4

こうして地図の 4 色定理は，すべての地図は 4-(面) 彩色可能であるという命

顕として表現される．地図および平面グラフの4色定理は同値であることを，系19.3で証明する．とりあえず，2色で彩色できる地図の条件を調べよう．この条件はきわめて簡単な形をしている．

> **定理 19.1** 地図 G が 2-(面) 彩色可能であるための必要十分条件は，G がオイラー・グラフであることである．

[第1の証明] $\Rightarrow$ G の各点 v に対し，v を囲む面の個数は偶数でなければならない．なぜならば，2色で彩色できるからである．したがって各点の次数は偶数であり，定理6.2により G はオイラー・グラフである．

$\Leftarrow$ G の面を実際に彩色する方法を述べよう．任意の面 F を選び，F を赤で彩色する．F の中の点 x から他の各面 F' の点へ行く曲線を描く．ただし，その曲線は G の点を通らないようにする．その曲線が偶数本の辺と交差するときには，面 F' を赤で彩色し，奇数本のときには F' を青で彩色する．(図19.5を見よ)．この彩色によって何も矛盾が起きないことを示すには，このような2本の曲線からなる「閉路」を選び，この閉路は G の偶数本の辺と交差することを証明すればよい．ここで各点に接続する辺は偶数本であるという事実を用いる． □

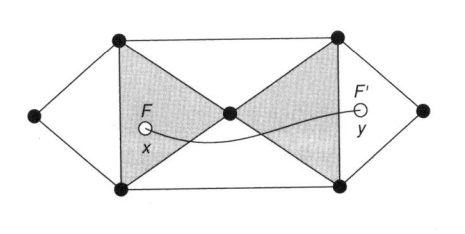

図 19.5

上の問題を双対グラフの点の彩色問題に変換すれば，定理19.1はより簡単に証明ができる．それについては後ろで述べるが，その前にこの手法がうまくいくことを示すために，まず次の定理を証明する．それから定理19.1の別証明を与え，さらに4色定理の2つの形が同値であることを証明する．

> **定理 19.2** G はループのない平面グラフとし，G^* は G の幾何学的双対とする．このとき，G が k-(点) 彩色可能であるための必要十分条件は，G^* が k-(面) 彩色可能であることである．

[証明] $\Rightarrow$ G は単純連結グラフ，よって G^* は地図であると仮定しよう．もし G の k-(点) 彩色があるならば，G^* の各面には G の点がちょうど 1 個入っているので，その色で G^* の各面を k-彩色できる (図 19.6 を見よ)．G^* の隣接している面が同じ色でないことは，それらが含む G の点が隣接し，異なる色で彩色されていることから直ちにわかる．よって，G^* は k-(面) 彩色可能である．

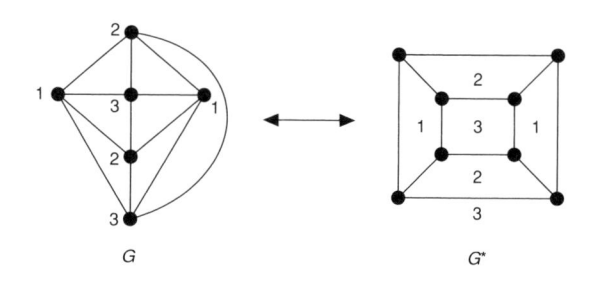

図 19.6

$\Leftarrow$ 次に G^* の k-(面) 彩色があったとする．G の各点は G^* のある面に入っているので，その面の色で G の点を k-彩色できる．G の隣接した点が同じ色にならないことは，上と同様にして直ちに得られる．よって G は k-(点) 彩色可能である．□

この結果からわかるように，平面的グラフの点の彩色に関する任意の定理は，双対化を考えることによって，地図の面の彩色に関する定理になる．逆も真である．一例として定理 19.1 を考えよう．

> **定理 19.1** 地図 G が 2-(面) 彩色可能であるための必要十分条件は，G がオイラー・グラフであることである．

[第 2 の証明]　（演習 15.9 により）オイラー平面的グラフの双対は二部平面的グラフであり，逆も真である．したがって次のことを示せば十分である：ループのない連結平面的グラフが 2-(点) 彩色可能であるための必要十分条件は，二部グラフであることである．□

同様にして，4 色定理の 2 つの形が同値であることを証明できる．

> **系 19.3**　地図の 4 色定理は平面的グラフの 4 色定理と同値である．

[証明]　⇒ G は単純連結平面グラフであると仮定してよい．このとき，その幾何学的双対 G^* は地図であり，この地図が 4-(面) 彩色可能である事実から，直ちに G の 4-(点) 彩色可能性が得られる．ここで定理 19.2 が用いられた．

⇐ 逆に G を地図として，その幾何学的双対を G^* とする．このとき G^* は平面的グラフであり，4-(点) 彩色可能である．したがって G は 4-(面) 彩色可能であることがわかる．□

双対性を利用すると次の定理も証明できる．

> **定理 19.4**　G は (各点が)3 次の地図とする．このとき G が 3-(面) 彩色可能であるための必要十分条件は，各面が偶数本の辺で囲まれていることである．

[証明]　⇒ G の任意の面 F に対して，F を取り囲む G の面は 2 色によって交互に彩色されねばならない．したがって，そのような面は偶数個なければならず，すべての面は偶数本の辺で囲まれていることになる (図 19.7 を見よ)．

⇐ 次の双対な結果を示せばよい: G が単純連結平面グラフであり，G の各面が三角形であり，G の各点の次数が偶数 (つまり G はオイラー・グラフである) ならば，G は 3-(点) 彩色可能である．3 つの色を α, β, γ と書くことにする．

G はオイラー・グラフであるので，定理 19.1 により，G の面は 2 色，赤と青とによって彩色できる．このとき G の 3-(点) 彩色が次のようにして得られる．まず任意の赤い面の 3 点を彩色する．ただし，色 α, β, γ がこの順序で時計回り

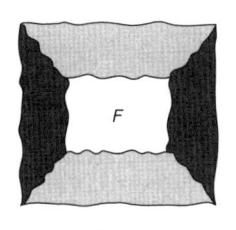

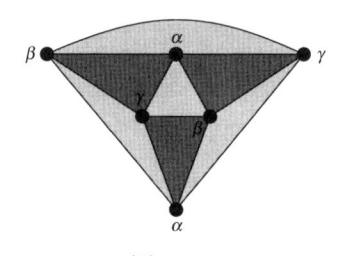

図 19.7　　　　　　　図 19.8

に現われるようにする．次に，任意の青い面の点を彩色する．ただし，色 α, β, γ が反時計回りに現われるようにする (図 19.8 を見よ)．このような点彩色はグラフ全体に拡張できるので，定理が証明できたことになる．□

上の定理では地図は 3 次であると仮定したが，実際にはこの条件を取り去っても一般性を失わないことが多い．次の定理がそのよい例である．

定理 19.5　　4 色定理を証明するためには，3 次の地図はすべて 4-(面) 彩色可能であることを証明すれば十分である．

[証明]　　系 19.3 により次のことを証明すればよい: 3 次の地図がすべて 4-(面) 彩色可能ならば，すべての地図が 4-(面) 彩色可能である．

G は任意の地図とする．もし G に次数 2 の点があれば，除去しても彩色に影響はない．したがって，4 次以上の点の取り除き方を示せばよい．v が 4 次以上の点ならば，図 19.9 のように v の上に「継ぎ布」を当てることができる．これを 4 次以上の各点 v に対して繰り返せば，3 次の地図が得られ，それは仮定により 4-(面) 彩色可能である．G の面の 4-彩色を得るには各継ぎ布を 1 点に縮小し，除去した次数 2 の点を戻せばよい．□

演習 19

19.1　　図 19.10 の地図を考えよ．そこでは国が赤，青，緑，黄色で彩色されている．

§19 地図の彩色   131

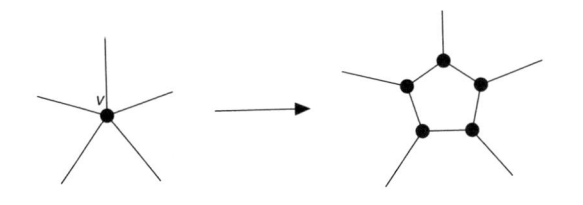

図 19.9

(i) 国 A は赤でなければならないことを示せ．
(ii) 国 B は何色か．

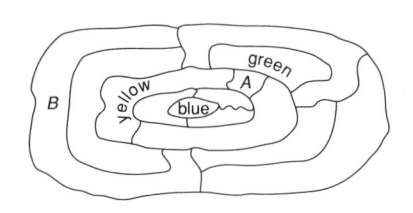

図 19.10

19.2^s　各プラトン・グラフに対し，その面を彩色するのに必要な色の最小数を求めよ．ただし隣合う面は同じ色にならないようにする．

19.3^s　2-(面) 彩色可能であり，しかも 2-(点) 彩色可能な平面グラフの例を与えよ．

19.4　平面上に無限直線を勝手に描くと，平面は有限個の領域に分割される．これらの領域が 2-彩色できることを示せ．

19.5^s　定理 17.3 の証明を双対化して，地図に対する 6 色定理を証明せよ．

19.6*　定理 17.4 の証明を双対化して，地図に対する 5 色定理を証明せよ．

19.7*　G は単純平面グラフであり，その面は 11 個以下として，G の点の次数はすべて 3 以上とする．

(i) 演習 13.5 を用いて，G は 4-(点) 彩色可能であることを証明せよ．
(ii) 上の (i) を双対化せよ．

19.8* (i) トーラスの曲面上に交差なく埋め込めるグラフをトロイダル・グラフという．トロイダル・グラフの面は 7 色で彩色できることを証明せよ．
(ii) 面を 6 色では彩色できないトロイダル・グラフを見つけよ．

§20 辺彩色

本節では，グラフの辺の彩色について調べる．平面的グラフに対する 4 色定理は，3 次地図の辺彩色に関する定理に同値であることがわかる．

グラフ G の隣接する辺は同じ色にならないように，G の辺を k 色で彩色できるとき，G は **k-辺彩色可能** (k-colourable(e)) であるという．G が k-辺彩色可能であるが，$(k-1)$-辺彩色可能でないとき，G の**彩色指数** (chromatic index) は k であるといい，$\chi'(G) = k$ と書く．図 20.1 に示したグラフ G では $\chi'(G) = 4$ である．

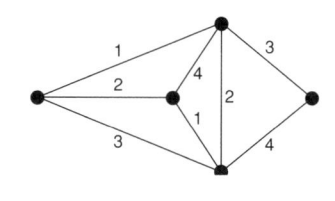

図 20.1

G の最大次数を Δ とすると，$\chi'(G) \geq \Delta$ は明らかである．**Vizing の定理**として知られている次の結果は，単純グラフ G の彩色指数に対して驚くほどよい上界を与えている．証明については，Bondy と Murty[7] あるいは Fiorini と Wilson[28] を見よ．

定理 20.1 (Vizing 1964 年) G は単純グラフであり，その最大次数が Δ ならば，$\Delta \leq \chi'(G) \leq \Delta + 1$ である．

どのようなグラフの彩色指数が Δ であり，どのようなのが $\Delta + 1$ であるか正確に特徴づける問題は未解決である．しかし，特殊なグラフに対しては容易にわかる．例えば，n が偶数ならば $\chi'(C_n) = 2$ であり，奇数ならば 3 である．また $\chi'(W_n) = n - 1 (n \geq 4)$ である．完全グラフに対して似たような結果が計算できるが，それを次に示そう．

定理 20.2 $n(\neq 1)$ が奇数ならば $\chi'(K_n) = n$ であり，偶数ならば $\chi'(K_n) = n - 1$ である．

[証明] $n = 2$ ならば自明であるので $n \geq 3$ 仮定する．

n が奇数ならば，K_n の辺は次のようにして n-彩色できる．K_n の点を正 n 角形の形に配置して，その外周の辺を各辺に異なる色を用いて彩色し，次に残りの辺それぞれを，それと平行な外周の辺に用いられた色で彩色する (図 20.2 を見よ)．K_n が $(n-1)$-彩色可能でないことは，次のことから容易にわかる: 同じ色で彩色できる辺の最大数は $\frac{1}{2}(n-1)$ であるので，K_n の辺数は高々 $\frac{1}{2}(n-1)\chi'(K_n)$ 本である．

n が偶数ならば，K_n は完全グラフ K_{n-1} と 1 つの点の和と見なせる．K_{n-1} の辺は上で述べた方法によって $n-1$ 色で彩色すると，各点には欠けている色が 1 つ生じ，これらの欠色はすべて異なる．これらの欠色で残りの辺を彩色すれば K_n の辺彩色が得られる (図 20.3 を見よ)． □

4 色定理とグラフの辺彩色との間の関係について，次に示そう．辺彩色が大変興味を呼んだのはこの関係のためである．

定理 20.3 4 色定理と次の命題は同値である: あらゆる 3 次の地図 G に対して $\chi'(G) = 3$ である．

図 20.2　　　　　　　　図 20.3

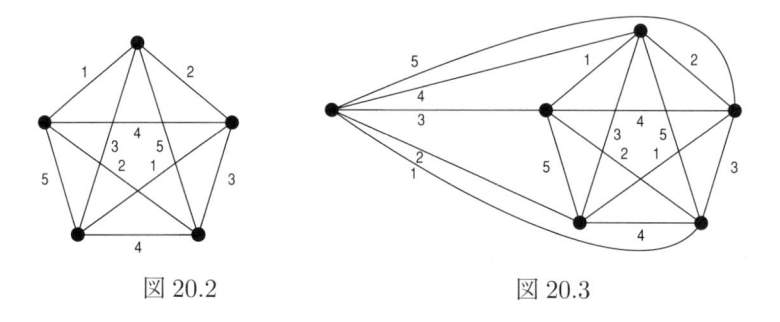

[証明]　⇒ G の面の 4-彩色が与えられていると仮定して，そこで用いられる色を $\alpha = (1,0), \beta = (0,1), \gamma = (1,1), \delta = (0,0)$ と書く．このとき G の辺の 3-彩色は次のようにして得られる．すなわち各辺 e が接する 2 つの面の色を，mod 2 で加えて得られる色で辺 e を彩色すればよい．例えば e に接する 2 つの面が α と γ で彩色されているとき，$(1,0) + (1,1) = (0,1)$ であるので e を β で彩色する．各辺に接する 2 つの面の色は異なるので，色 δ がこの辺彩色に現われないことに注意しよう．さらに，隣接する 2 本の辺が同じ色を共有することがないことも明らかである．このようにして所望の辺彩色が得られる (図 20.4 を見よ)．

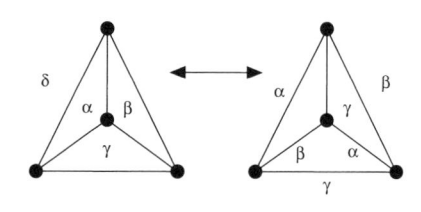

図 20.4

⇐ G の辺の 3-彩色が与えられていると仮定しよう．このとき各点にはすべての色の辺が接続している．α または β で彩色されている辺からなる部分グラフは次数 2 の正則であり，この部分グラフの面は定理 19.1 の非連結グラフへの自明な拡張を用いて 2 色で彩色できる．その 2 色を 0 および 1 と呼ぶ．同様にして，α または γ で彩色された辺からなる部分グラフの面の色は 0 および 1 で彩

色できる．したがって，G の各面に座標 (x, y) を割り当てることができる．ここで x と y は 0 または 1 である．G の隣接している 2 つの面に割り当てられた座標は，少なくとも 1 箇所では異ならなければならないので，これらの座標 $(1,0), (0,1), (1,1), (0,0)$ は G の面の所望の 4-彩色を与えている．□

二部グラフの彩色指数に関する König の有名な定理を与えて，この節を終えよう．

> **定理 20.4** (König 1916 年)　二部グラフ G の最大次数が Δ ならば $\chi'(G) = \Delta$ である．

[**注意**]　証明法は §18 で与えたのと多少似ている．すなわち，2 色部分グラフ H_{ij} を考えて，その色を交換する．

[**証明**]　G の辺数に関する帰納法を用いる．G の 1 本の辺を除いて他のすべての辺が Δ 色以下で彩色できるならば，G の辺全体の Δ-彩色があることを示せば十分である．

そこで，辺 vw 以外の各辺は彩色されているとする．v には欠けている色が 1 つ以上あり，w にも 1 つ以上ある．v と w の両方で欠けている色があるならば辺 vw をこの色で彩色すればよいので，同じ色が両方で欠けていることはないとする．v で欠けている色を α とし，w で欠けている色を β とする．色 α および β の辺だけからなる道によって，v から到達できる G の辺および点のすべてからなる G の連結部分グラフを $H_{\alpha,\beta}$ とする (図 20.5 を見よ)．

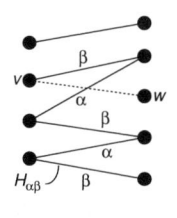

図 20.5

G は二部グラフであるので，$H_{\alpha,\beta}$ は点 w を含むことはない．したがって，こ

の部分グラフで色 α と β を交換しても，w および他の彩色に影響を与えない．このとき点 v と w の両方で色 β が欠けているので，辺 vw を色 β で彩色すると G の辺彩色が完成する．□

系 20.5 $\chi'(K_{r,s}) = \max(r, s)$

演 習 20

20.1^s　図 20.6 のグラフの彩色指数を見つけよ．

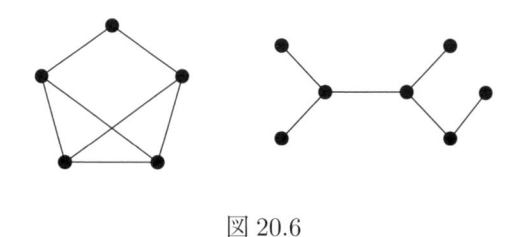

図 20.6

20.2　図 20.7 のグラフの彩色指数を求めよ．

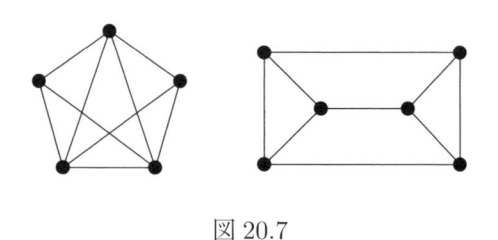

図 20.7

20.3^s　図 2.9 の表から彩色指数が 2, 3, 4 であるグラフをすべて探せ．

20.4^s　次のグラフに対して Vizing の定理で得られる $\chi'(G)$ の上下界と，$\chi'(G)$ の真値を比べよ．
　　(i) 閉路グラフ C_7

(ii) 完全グラフ K_8

(iii) 完全二部グラフ $K_{4,6}$

20.5　各プラトン・グラフの彩色指数はいくらか．

20.6^s　$K_{r,s}$ の辺彩色を具体的に示して，系 20.5 の別証明を与えよ．

20.7^s　G が 3 次ハミルトン・グラフならば，$\chi'(G) = 3$ であることを証明せよ．

20.8　(i) ピータスン・グラフの外側の 5-閉路の可能な 3-彩色をすべて考えて，そのグラフの彩色指数は 4 であることを証明せよ．

(ii) 上の (i) と演習 20.7 を用いて，ピータスン・グラフはハミルトン・グラフでないことを導け．

20.9*　G は単純グラフであり，奇数個の点があるとする．G が次数 Δ の正則グラフならば，$\chi'(G) = \Delta + 1$ であることを証明せよ．

20.10*　(i) G は空でない単純グラフとする．$\chi'(G) = \chi(L(G))$ であることを証明せよ．ここで $L(G)$ は G の線グラフである．

(ii) 上の (i) と Brooks の定理を組み合わせて，$\Delta = 3$ の場合の Vizing の定理を証明せよ．

§21　彩色多項式

　話題を点彩色に戻して本章を締めくくるとしよう．本節では，任意のグラフに 1 つの関数を関連させる．その関数からいろいろなことがわかるが，特にグラフが 4-彩色可能であるかがわかる．その関数を調べることにより，4 色定理に関する有用情報が得られると期待される．単純グラフに限定するが，そうしても一般性を失われない．

　G は単純グラフとし，k 色での点彩色の仕方は $P_G(k)$ 通りあるとする．むろん，隣接している点は同じ色にならないようにする．(とりあえず) P_G を G の**彩色関数** (chromatic function) と呼ぶ．例えば図 21.1 に示したグラフ G では，$P_G(k) = k(k-1)^2$ である．なぜならば，中央の点は k 通りに彩色できて，2 つの端点のどちらも $k-1$ 通りに彩色できるからである．この結果を拡張して，n 個の

点がある任意の木 T に対して $P_G(k) = k(k-1)^{n-1}$ であることを示せる．同様にして，図 21.2 に示した完全グラフ $G = K_3$ に対しては $P_G(k) = k(k-1)(k-2)$ である．これを拡張すると，$G = K_n$ のとき $P_G(k) = k(k-1)(k-2)\cdots(k-n+1)$ であることがわかる．

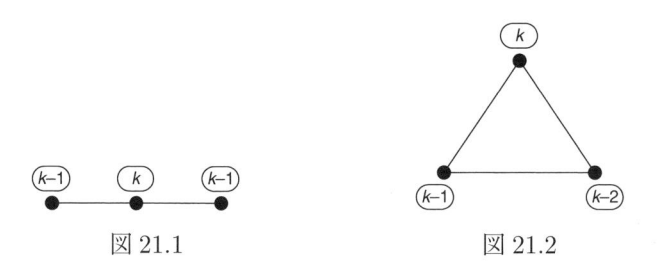

図 21.1 　　　　　図 21.2

明らかに，$k < \chi(G)$ ならば $P_G(k) = 0$ であり，$k \geq \chi(G)$ ならば $P_G(k) > 0$ である．また 4 色定理は次の命題に同値であることに注意したい：G が単純平面的グラフならば $P_G(4) > 0$ である．

任意の単純グラフに対して，彩色多項式を視察により求めることは一般に難しい．空グラフの彩色関数を用いて，単純グラフに彩色関数を系統的に求める方法が次の定理と系から得られる．

定理 21.1 　G は単純グラフとし，G から辺 e を除去して得られるグラフを $G-e$ とし，縮約して得られるグラフを $G \backslash e$ とする．このとき次式が成立する．
$$P_G(k) = P_{G-e}(k) - P_{G \backslash e}(k)$$

この定理の例として図 21.3 のグラフ G を考えよう．対応するグラフ $G-e$ と $G \backslash e$ を図 21.4 に示す．この定理は

$$k(k-1)(k-2)(k-3) = [k(k-1)(k-2)^2] - [k(k-1)(k-2)]$$

が成り立つことをいっている．

[証明] 　$e = vw$ とする．v と w が異なる色になるような $G-e$ の k-彩色の個数は，v と w を結ぶ辺 e を描いても変化しない．すなわち $P_G(k)$ に等しい．同

§21 彩色多項式　139

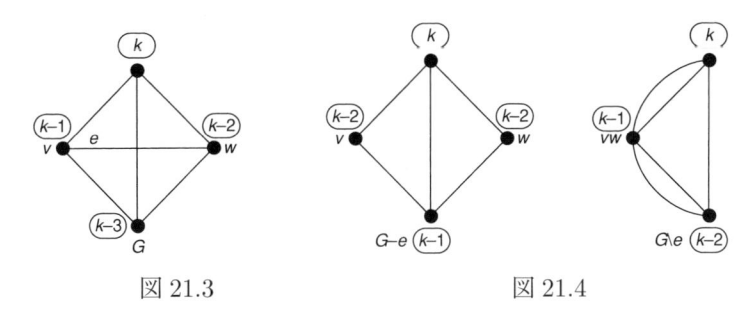

図 21.3　　　図 21.4

様にして，v と w が同じ色になるような $G-e$ の k-彩色の個数は，v と w を同一視しても変化しない．したがって $P_{G \backslash e}(k)$ に等しい．よって，$G-e$ の k-彩色の総数 $P_{G-e}(k)$ は $P_G(k) + P_{G \backslash e}(k)$ に等しい． □

> **系 21.2** 単純グラフの彩色関数は多項式である．

[証明] 上の定理で述べた手続きを繰り返す．すなわち $G-e$ と $G \backslash e$ のそれぞれから 1 辺を選び，それらを上述のように除去および縮約して，新しい 4 つのグラフを得る．次に，これらの 4 つのグラフに対して上の手続きを繰り返す．以下同様にする．辺がなくなったとき，つまり各グラフが空になったとき終了する．空グラフに r 個の点があるとき，その彩色関数は多項式 k^r である．よって，定理 21.1 を繰り返し適用すれば，グラフ G の彩色関数は多項式の和，すなわち多項式であることがわかる． □

　例は少し後回しにする．実際上は各グラフを空グラフまで帰着させる必要はなく，木のように彩色多項式が既知のグラフまで帰着させればよい．

　系 21.1 を考慮して，以後 $P_G(k)$ は G の **彩色多項式** (chromatic polynomial) と呼ぶことにする．上の証明から容易にわかるように，G に点が n 個あれば，$P_G(k)$ の次数は n である．なぜならば，どのステップでも新しい点は導入されないからである．しかも，上のつくり方では n 個の点からなる空グラフは 1 つしかつくられないから，k^n の係数は 1 である．これまた容易に示せるが，k^{n-1} の係数は $-m$ である．ここで m は G の辺の本数である．さらに，係数の符号 $+$ と $-$ が交互になる (演習 21.6)．色がなければ彩色できないので，彩色多項式

の定数項は 0 である.

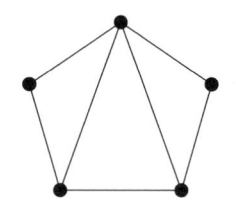

図 21.5

これで上のアイディアを例で示す準備が整った. 定理 21.1 を用いて図 21.5 に示すグラフ G の彩色多項式を求めて, 上に述べたようにその多項式が $k^5 - 7k^4 + ak^3 - bk^2 + ck$ の形をしていることを確かめてみよう. ここで a, b, c は正の定数である. 各ステップで彩色多項式を書くよりは, グラフ自身を描くことが多い. 例えば図 21.3 と図 21.4 のグラフを $G, G - e, G \backslash e$ と表わしたとき, $P_G(k) = P_{G-e}(k) - P_{G \backslash e}(k)$ と書くかわりに, 図 21.6 に与えた「等式」を書きおろすのが便利である.

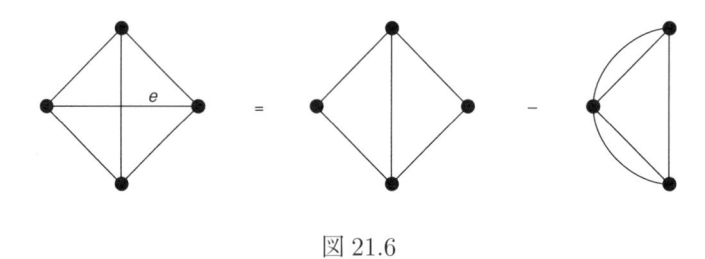

図 21.6

上の記述法により次のようになる.
したがって $P_G(k)$ は次のように求まる.

$$\begin{aligned} P_G(k) &= k(k-1)^4 - 3k(k-1)^3 + 2k(k-1)^2 + k(k-1)(k-2) \\ &= k^5 - 7k^4 + 18k^3 - 20k^2 + 8k \end{aligned}$$

上式は正定数 a, b, c により $k^5 - 7k^4 + ak^3 - bk^2 + ck$ の形をしていることに注

意しよう.

本章の最後に,演習 17.6 で学んだように,点彩色は時間表作成のような分野と関連していることを思い出そう.例えば,いくつかの講義の時間帯を配列することを考えてみよう.ただし,両方に出席したい学生がいたりして同じ時間帯に組み込めない講義があり,それがどれかはわかっているとする.講義を点で表わし,同じ時間帯に入れられない講義の間を辺で結んでグラフをつくる.各時間帯に 1 つの色を対応させれば,そのグラフの彩色は全講義をうまく配列したスケジュールすなわち時間表に対応する.このような場合には,グラフの彩色数がわかっていれば,何時間必要かがわかるし,グラフの彩色多項式がわかっていれば,何通りつくれるのかわかる.

演 習 21

21.1^s　次のグラフの彩色多項式を書きおろせ.
  (i) 完全グラフ K_6
  (ii) 完全二部グラフ $K_{1,5}$
  これらのグラフの 7 色での彩色は何個あるか.

21.2　(i) 4 つの点からなる単純連結グラフは全部で 6 個あるが,それらすべてに対して彩色多項式を見つけよ.

(ii) 上の多項式はすべて

$$k^4 - mk^3 + ak^2 - bk$$

の形をしていることを確かめよ．ここで m は辺数であり，a と b は正の定数である．

21.3^s　次のグラフの彩色多項式を見つけよ．
(i) 完全二部グラフ $K_{2,5}$
(ii) 閉路グラフ C_5

21.4*　(i) $K_{2,s}$ の彩色多項式は次式であることを証明せよ．

$$k(k-1)^s + k(k-1)(k-2)^s$$

(ii) C_n の彩色多項式は次式であることを証明せよ．

$$(k-1)^n + (-1)^n(k-1)$$

21.5　G が非連結な単純グラフならば，彩色多項式 $P_G(k)$ はその成分の彩色多項式の積であることを証明せよ．係数が 0 でない項の最小次数について何かわからないか．

21.6*　G は単純グラフであり，点が n 個，辺が m 本あるとする．定理 21.1 を用いて，m に関する帰納法により次の (i) および (ii) を証明せよ．
(i) k^{n-1} の係数は $-m$ である．
(ii) $P_G(k)$ の係数の符号は $+$ と $-$ が交互になる．

21.7^s　(i) 演習 21.5 と 21.6 の結果を用いて，次のことを証明せよ：$P_G(k) = k(k-1)^{n-1}$ ならば，G は n 個の点をもつ木である．
(ii) 次の彩色多項式をもつグラフを 3 つ見つけよ．

$$k^5 - 4k^4 + 6k^3 - 4k^2 + k$$

第7章　有向グラフ

本章と次章とで，有向グラフの理論といくつかの応用を扱う．最初の §22 では基本的な定義を与え，グラフの辺を「方向」づけて強連結有向グラフにできるための条件を議論する．次に臨界道解析について簡単に述べ，§23 ではオイラー，ハミルトン道および閉路を議論するが，特にトーナメントに注目する．最後に，有向グラフの観点からマルコフ連鎖の状態を分類することを述べる．

§22　定　義

有向グラフ (directed graph または digraph) D は，点と呼ばれる元からなる非空有限集合 $V(D)$ と，$V(D)$ の元の順序対からなる有限族 $A(D)$ からなる．$A(D)$ の元は **弧** (arc) と呼ばれる．$V(D)$ は D の **点集合** (vertex set)，$A(D)$ は **弧集合** (arc family) と呼ばれる．弧 (v,w) は通常 vw と略記される．図 22.1 の有向グラフでは，$V(D)$ は集合 $\{u,v,w,z\}$ であり，$A(D)$ は弧 $uv, vv, vw, vw, wv, wu, zw$ からなり，弧の 2 つの点の順序は矢印で示されている．有向グラフ D の「矢印を取り除いて」得られるグラフ（すなわち，vw の形をした各弧を対応する辺 vw で置き換えて得られるグラフ）は，D の **基礎グラフ** (underlying graph) と呼ばれる（図 22.2 を見よ）．

D の弧がすべて異なり，かつ「ループ」(vv の形をした弧）がないとき，D を **単純有向グラフ** (simple digraph) という．単純有向グラフの基礎グラフは必ずしも単純グラフではない（図 22.3 を見よ）．

§2 で与えたグラフの定義の多くを真似ることができる．例えば，2 つの有向グラフが **同形** (isomorphic) であるといわれるのは，それらの基礎グラフの間に同形写像があり，しかも各弧の点の順序を保存する写像になっているときであ

図 22.1

図 22.2

図 22.3

図 22.4

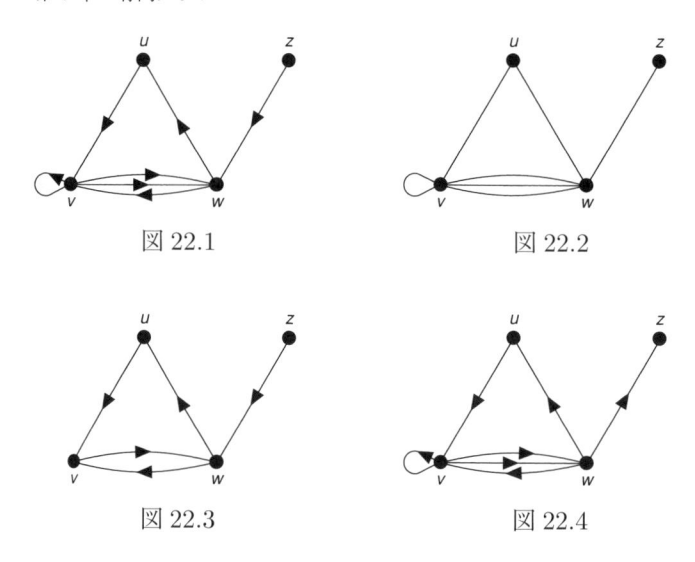

る．図 22.1 と図 22.4 に示した有向グラフは同形でないことに特に注意しよう．

有向グラフ D の 2 つの点 v と w が**隣接** (adjacent) しているといわれるのは，vw または wv の形をした弧が $A(D)$ にあるときである．このとき，点 v および w は弧 vw または wv に**接続** (incident) しているという．D の点集合が $\{v_1, \cdots, v_n\}$ であるとき，D の**隣接行列** (adjacency matrix) $A = (a_{ij})$ とは a_{ij} が v_i から v_j への弧の本数を表わす $n \times n$ 行列である．

§5 で与えた定義にも，有向グラフに自然に拡張されるものがある．有向グラフ D の**歩道** (walk) は，$v_0v_1, v_1v_2, \cdots, v_{m-1}v_m$ の形をした弧の有限系列である．この系列を $v_0 \to v_1 \to \cdots \to v_m$ と書くことが多く，$\boldsymbol{v_0}$ **から** $\boldsymbol{v_m}$ **への歩道**という．同様にして有向小道，有向道および有向閉路を定義できるが，混乱しそうもないときには単に小道，道および閉路という．小道には同じ弧 vw が 2 回以上含まれることはできないが，vw と wv の両方が含まれる場合があることに注意しよう．図 22.1 の例では $z \to w \to v \to w \to u$ は小道である．

連結性を定義する番である．ここでは 2 種類のもっとも自然で有用な連結有向グラフを定義する．それらは，弧の向きを考慮するかしないかに対応する．これらの定義は，§2 および §5 で与えた連結性の定義の有向グラフへの自然な拡張になっている．

有向グラフ D が**連結** (connected) であるといわれるのは，D が 2 つの有向グ

ラフの和として表現できないときである．同じことであるが，D の基礎グラフが連結グラフのときである．また，D の任意の 2 点 v と w の間に必ず v から w への道があるとき，D は**強連結** (strongly connected) であるという．明らかにすべての強連結有向グラフは連結であるが，その逆は必ずしも真ではない．図 22.1 に示した連結有向グラフは，v から z への道がないので強連結ではない．

連結有向グラフと強連結グラフの差異を理解するには，すべての道路が一方通行になっている町の道路地図を考えればよい．その道路地図が連結であるというのは，一方通行路の方向を無視すれば，その町の任意の個所から他の任意の個所へ車で行けるということである．もしその地図が強連結ならば，一方通行路を「正しい」向きに通って，任意の個所から他の任意の個所へ車で行くことができる．

一方通行システムが強連結でなければならないことは明らかで，「町の任意の個所から他の任意の個所へ車で行けるように，道路地図に一方通行の制限を課せるのはどんなときか」という問題が自然に生じる．例えば，その町が橋で結ばれた 2 つの部分からできているならば，その町にこのような一方通行システムを課すことはできない．なぜならば，その橋をどの向きの一方通行にしても，その町の 1 つの部分は分断されてしまうからである．逆に橋がなければ，いつでもこのような一方通行システムを課すことができる．この事実は定理 22.1 で明らかになる．

グラフ G のすべての辺を方向づけて強連結有向グラフが得られるとき，G は**向きづけ可能** (orientable) であると定義する．例えば図 22.5 のグラフ G を向きづけして，図 22.6 の強連結有向グラフが得られる．

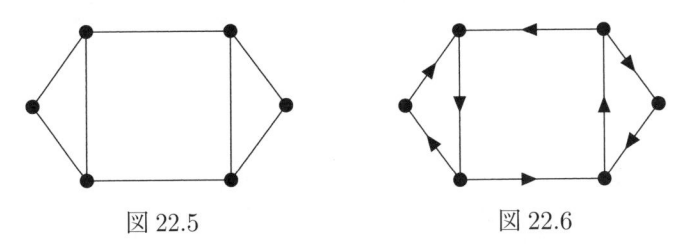

図 22.5　　　　図 22.6

オイラー・グラフが向きづけ可能であることは容易にわかる．オイラー小道の向きに従って辺を向きづければよいからである．グラフが向きづけ可能であ

るための必要十分条件を次に与えるが，これは H. E. Robbins による．

> **定理 22.1** G は連結グラフであるとする．G が向きづけ可能であるための必要十分条件は，G の各辺が少なくとも 1 つの閉路に含まれることである．

[証明] 必要性は明らかである．十分性を証明するために，任意の閉路 C を選びその辺を閉路に沿って向きづける．G のすべての辺が C に含まれているときには，証明は終わっているので，そうでないとする．C に含まれないが C の辺に隣接している任意の辺 e を選ぶ．仮定により，辺 e はある閉路 C' に含まれている．C' の辺を C' に沿って向きづけすることができる．ただし，C にも含まれている C' の辺はすでに向きづけされているので，その向きは変えない．できた有向グラフが強連結であることは容易にわかる．状況を図 22.7 に示したが，C' の辺は点線で描かれている．これを続けて，各ステップで少なくとも 1 つの辺を向きづけていくと，グラフ全体を向きづけることができる．各ステップで有向グラフは強連結であるので，定理が証明できる．□

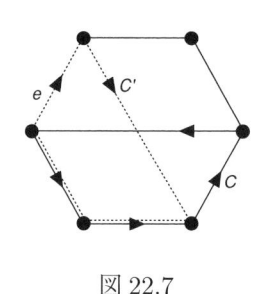

図 22.7

一連の作業計画に関連した「臨界道」問題を議論して，本節を終えよう．家を建てるような仕事を実行することを考えてみよう．この仕事は基礎工事，屋根葺き，電気工事などのようないくつかのより小さな作業に分けることができる．これらの作業のあるものは，他の作業が終わってからでないと始めることができないが，いくつかの作業は同時に進行できるので，仕事全体が最小時間で完了するように，各仕事をいつ実行するか決定する効率のよい方法が見つかれば役立つことは明らかである．

§22 定 義   147

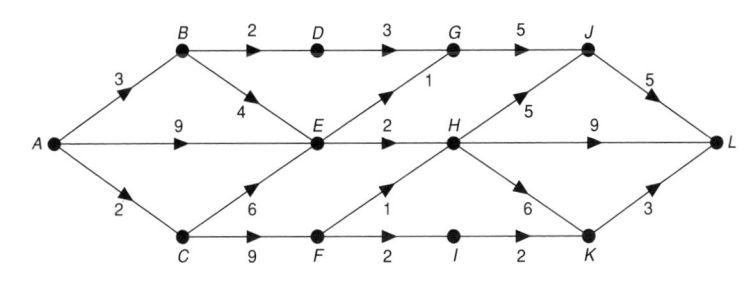

図 22.8

この問題を解くために,「重みつき有向グラフ」または**作業ネットワーク** (activity network) をつくる.その弧は各作業にかかる時間の長さを表わしている.このようなネットワークの一例を図 22.8 に与える.その点 A は仕事の開始を表わし,点 L はその終了を表わす.仕事全体は A から L へのすべての道がたどられ終わるまで終了しないので,A から L への最長の道を見つける問題に帰着する.これは,PERT(Programme Evaluation and Review Technique) として知られている手法を用いて実行できる.その手法は §8 の最短路問題で使われたものと類似している.ただし,その有向グラフ上を左から右へ動くときに,各点 V に A から V までの**最長路**の長さを示す数値 $l(V)$ をつけていく.したがって,図 22.8 の有向グラフに対しては次のようにつける.

点 A に 0
点 B に $l(A) + 3 = 3$
点 C に $l(A) + 2 = 2$
点 D に $l(B) + 2 = 5$
点 E に $\max\{l(A) + 9, l(B) + 4, l(C) + 6\} = 9$
点 F に $l(C) + 9 = 11$
点 G に $\max\{l(D) + 3, l(E) + 1\} = 10$
点 H に $\max\{l(E) + 2, l(F) + 1\} = 12$
点 I に $l(F) + 2 = 13$
点 J に $\max\{l(G) + 5, l(H) + 5\} = 17$
点 K に $\max\{l(H) + 6, l(I) + 2\} = 18$
点 L に $\max\{l(H) + 9, l(J) + 5, l(K) + 3\} = 22$

最短路問題の場合のように，これらの数値を各点の隣に書いて示す．§8 で考えた問題とは違って，弧がすべて左から右へ向きづけられているので，「ジグザグ」はない．最長路の長さは 22 であり，図 22.9 に示す．したがって，仕事は時刻 22 以前に完了することはできない．

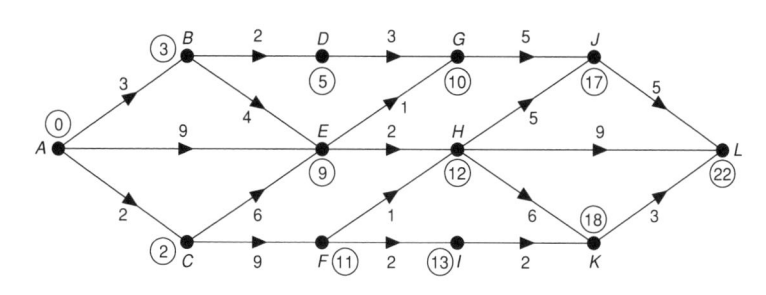

図 22.9

この最長路はよく**臨界道** (critical path) と呼ばれる．この道の作業に遅れが生じると，仕事全体の遅れにつながるからである．作業予定表を作るときは，臨界道に特に注意を払う必要がある．

仕事全体を遅らせないために，各作業が完了しなければならない最終時刻を計算してみよう．

L から逆に戻れば，K には時刻 $22-3=19$ までに，J には時刻 $22-5=17$ までに，H には時刻 $\min\{17-5, 22-9, 19-6\} = 12$ までに到達しなければならないことがわかる．以下同様である．

演 習 22

22.1^s　図 22.10 の有向グラフのうち 2 つは同形である．それはどれか．

22.2^s　単純有向グラフ D には点が n 個あり，弧が m 本あるとする．
　　(i) D が連結ならば次式が成立することを証明せよ．

$$n - 1 \leq m \leq n(n-1)$$

　　(ii) 強連結有向グラフ D に対して同様な式を求めよ．

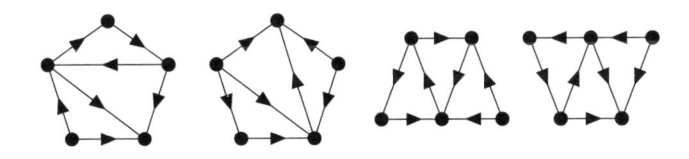

図 22.10

22.3^s 図 22.1 および図 22.6 の有向グラフの隣接行列を書け.

22.4 有向グラフ D の逆 $\tilde{D}$ は D の辺の向きを反転して得られる.
  (i) その逆と同形であるような有向グラフの一例を与えよ.
  (ii) D と $\tilde{D}$ の隣接行列の間にはどんな関係があるか.

22.5 (i) 定理 22.1 を用いないで, ハミルトン・グラフはすべて向きづけ可能であることを証明せよ.
  (ii) $K_n (n \geq 3)$ および $K_{r,s}(r,s \geq 2)$ は向きづけ可能であることを, 各々の向きづけを見つけることにより示せ.
  (iii) ピータスン・グラフと正十二面体グラフの向きづけを見つけよ.

22.6^s 上の予定計画問題において, 点 G, E および B へ到達すればよい最終時刻を計算せよ.

22.7 図 22.11 のネットワークで A から G への最長路を見つけよ.

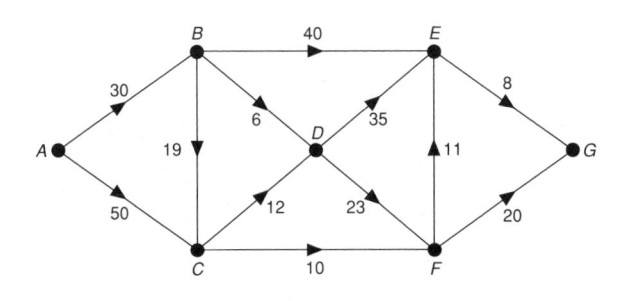

図 22.11

§23 オイラー有向グラフとトーナメント

本節では，§6 および §7 の結果から類推される有向グラフの結果を求めてみよう．特にトーナメントと呼ばれる，ある種の有向グラフにおけるハミルトン閉路を調べよう．

連結有向グラフ D のすべての弧を含む閉じた小道が存在するとき，D は**オイラー** (Eulerian) であるという．このような小道は**オイラー小道** (Eulerian trail) と呼ばれる．例えば図 23.1 の有向グラフはオイラーではないが，その基礎グラフはオイラーである．

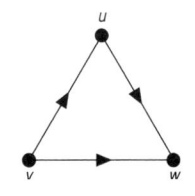

図 23.1

ここでの最初の目的は，連結有向グラフがオイラーであるための必要十分条件を与えることである．それは定理 6.2 で与えたものと類似している．すぐわかるように，強連結有向グラフであるということが 1 つの必要条件である．

若干の定義を準備する必要がある．v が有向グラフ D の点であるとき，vw の形をした D の弧の本数は v の**出次数** (out-degree) と呼ばれ，$\text{outdeg}(v)$ と書かれる．同様にして，$\text{indeg}(v)$ と書かれる v の**入次数** (in-degree) は wv の形をした D の弧の本数である．したがって，D の全点についての入次数の合計と出次数の合計とは等しい．なぜならば D の各弧は両方の合計に 1 ずつ寄与するからである．この結果を**握手有向補題** (handshaking dilemma) と呼ぶ．

後々の便宜のために次の定義をしておく．入次数が 0 の点を D の**入口** (source) と定義する．出次数が 0 の点は D の**出口** (sink) である．図 23.1 では v が入口であり，w が出口である．1 本以上の弧を含むオイラー有向グラフには入口も出口も存在しないことに注意しよう．

オイラー有向グラフに関する基本的な定理を述べる段階に達した．

> **定理 23.1** 連結有向グラフがオイラーであるための必要十分条件は，D の各点 v で outdeg(v)=indeg(v) が成立することである．

[証明] この証明は定理 6.2 の証明と全く同様にできるので，演習問題に残しておく． □

半オイラー有向グラフの定義と，系 6.3 および 6.4 に類似した結果の証明とを読者に残しておく．

ハミルトン有向グラフに関しても同様な研究が期待されるが，オイラーの場合と比べてあまり成功していない．有向グラフ D のすべての点を含む閉路があるときに，D は**ハミルトン有向グラフ** (Hamiltonian digraph) と呼ばれる．ハミルトンでない有向グラフ D にすべての点を通る道があるとき，D は**半ハミルトン有向グラフ** (semi-Hamiltonian digraph) と呼ばれる．ハミルトン有向グラフに関してわかっていることは少ない．実際のところ，ハミルトン・グラフに関するいくつかの定理は有向グラフに容易には，あるいは全く一般化できないように思われる．Dirac の定理 (系 7.2) の有向グラフへの一般化があるかどうかというのは自然な疑問である．このような一般化の 1 つが Ghoulia-Houri によって得られている．この証明は Dirac の定理の証明よりかなり難しいので，Bondy と Murty[7] を参照されたい．

> **定理 23.2** D は強連結有向グラフであり，点が n 個あるとする．各点 v に対して outdeg$(v) \geq \frac{1}{2}n$ かつ indeg$(v) \geq \frac{1}{2}n$ ならば，D はハミルトン有向グラフである．

この種の結果が容易に得られるとは思えないので，そのかわりにどんな種類の有向グラフがハミルトンかを考える方がよいであろう．この観点で，特に重要なのはトーナメントと呼ばれる有向グラフである．この場合の結果はきわめて簡潔な形をしている．

トーナメント (tournament) とは任意の 2 点がちょうど 1 本の弧で結ばれている有向グラフのことである (図 23.2 を見よ)．この有向グラフは，テニストーナ

メントやその他引き分けを認めない試合の結果を記録するのに用いられる．例えば図 23.2 ではチーム z はチーム w に勝ったが，チーム v に負けている．

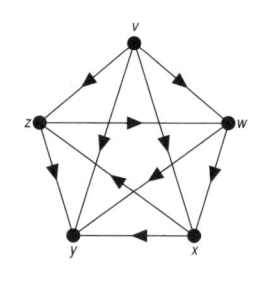

図 23.2

トーナメントには入口や出口があり得るので，トーナメントは一般にはハミルトンではない．しかし，L. Rédei と P. Camion により得られた次の定理が示すように，トーナメントはすべて「ほとんどハミルトン」である．

定理 23.3

(i) ハミルトンでないトーナメントはすべて半ハミルトンである．

(ii) 強連結なトーナメントはすべてハミルトンである．

[証明]　(i) 点が 3 個以下のトーナメントの場合には明らかに成立している．点の個数に関する帰納法で証明する．点が n 個あるトーナメントは，すべて半ハミルトンであると仮定する．

ハミルトンでないトーナメント T には点が $n+1$ 個あるとし，T から任意の点 v および v に接続するすべての弧を除去してできるトーナメントを T' とする．T' には点が n 個あるので，帰納法の仮定により，T' には半ハミルトン道 $v_1 \to v_2 \to \cdots \to v_n$ がある．次の 3 つの場合を考えればよい．

(1) vv_1 が T の弧ならば，$v \to v_1 \to v_2 \cdots \to v_n$ が所望の道である．

(2) vv_1 が T の弧でなく（したがって $v_1 v$ は弧であり），ある i に対して vv_i が T の弧であるならば，このような i のうちの最小な i を選べば，明らかに所

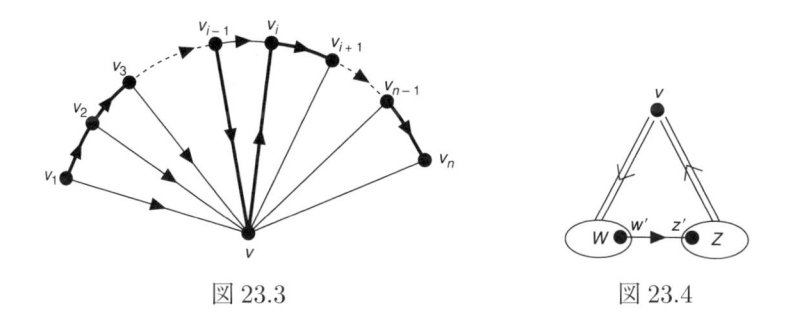

§23 オイラー有向グラフとトーナメント　153

図 23.3

図 23.4

(3) vv_i の形をした弧が T にないならば，$v_1 \to v_2 \cdots \to v_n \to v$ が所望の道である．

(ii) 点が n 個ある強連結トーナメントには，長さ $3, 4, \cdots, n$ の閉路が全部あるという，より強い結果を証明しよう．

T に長さ 3 の閉路があることを示すために，T の任意の点を v とし，vw が T の弧であるような点 w のすべてからなる集合を W とし，zv が弧であるような点 z のすべてからなる集合を Z とする．T は強連結であるので，W と Z はどちらも空でなく，$w'z'$ の形をした T の弧がなければならない．ただし，w' は W に，z' は Z に含まれている (図 23.4 を見よ)．所望の長さ 3 の閉路は $v \to w' \to z' \to v$ である．

あとは，長さ $k(<n)$ の閉路があれば，長さ $k+1$ の閉路があることを示せばよい．$v_1 \to \cdots \to v_k \to v_1$ が長さ k の閉路とする．この閉路以外の点 v があって，vv_i および $v_j v$ の形をした T の弧があると最初に仮定しよう．このとき，$v_{i-1}v$ と vv_i が T の弧であるような点 v_i がなければならないから，所望の閉路は

$$v_1 \to v_2 \to \cdots \to v_{i-1} \to v \to v_i \to \cdots \to v_k \to v_1$$

である (図 23.5 を見よ)．

このような点 v がないならば，閉路に含まれてない点の集合は 2 つの素な集合 W と Z に分割できる．ここで，W の各点 w ではすべての i に対して $v_i w$ が弧であり，Z の各点 z ではすべての i に対して zv_i が弧である．T は強連結で

あるので，W と Z はどちらも空でなく，$w'z'$ の形をした T の弧がなければならない．ここで w' は W に，z' は Z に含まれている．このとき所望の道は

$$v_1 \to w' \to z' \to v_3 \to \cdots \to v_k \to v_1$$

である (図 23.6 を見よ)．□

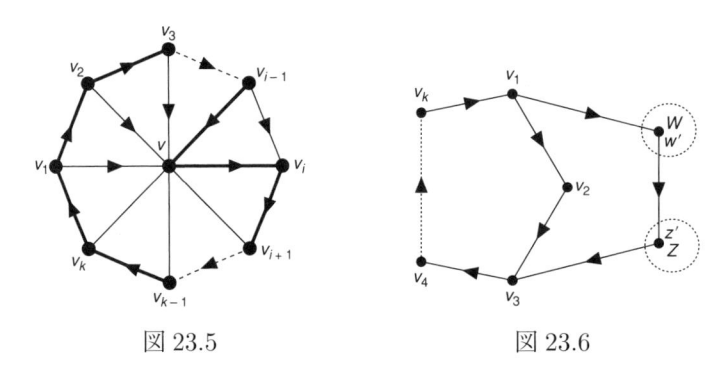

図 23.5

図 23.6

演習 23

23.1^s　図 23.2 および図 23.7 のトーナメントに対して，握手有向補題を確かめよ．

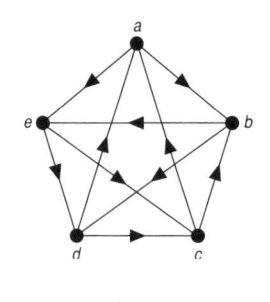

図 23.7

23.2^s　図 23.7 のトーナメントにおいて次の部分グラフを見つけよ．

(i) 長さ 3, 4 および 5 の閉路
(ii) オイラー小道
(iii) ハミルトン閉路

23.3^s トーナメントに入口が 2 個あることはなく，出口も 2 個あることはない．これを証明せよ．

23.4 トーナメント T には点が n 個あるとする．$\sum$ は T の点すべてについての総和であるとして，次を証明せよ．

(i) $\sum \text{outdeg}(v) = \sum \text{indeg}(v)$ (ii) $\sum \text{outdeg}(v)^2 = \sum \text{indeg}(v)^2$

23.5 有向グラフ D の点が整数の対 11,12,13,21,22,23,31,32,33 で表わされ，$j = k$ のとき点 ij と点 kl が弧で結ばれているとする．D のオイラー小道を見つけ，それを用いて，9 個の 1, 9 個の 2, および 9 個の 3 の巡回的配置を求めよ．ただし，その配置には 27 通りの可能な 3 つ組 (111, 233 など) すべてがちょうど 1 回現われるようにせよ．(この種の問題は通信理論で生じる．)

23.6 トーナメント T が **既約** (irreducible) であるというのは，V_1 の点と V_2 の点を結ぶ弧はすべて V_1 から V_2 へ向きづけられているように，T の点集合を 2 つの素な集合 V_1 と V_2 に分割できないときである．

(i) 既約なトーナメントの一例を与えよ．
(ii) 既約なトーナメントであるための必要十分条件は，強連結であることを示せ．

23.7 トーナメントが **推移的** (transitive) であるというのは，弧 uv と vw があれば必ず弧 uw があるときである．

(i) 推移的トーナメントの一例を与えよ．
(ii) 推移的トーナメントにおいては，すべてのチームに順位をつけられることを示せ．ただし，どのチームもそれより下位のチームをすべて負かしていなければならないとする．
(iii) 点が 2 個以上ある推移的トーナメントは強連結になり得ないことを示せ．

23.8* トーナメントの点の**得点** (score) とはその出次数である．トーナメントの**得点列** (score sequence) とはそのすべての点の得点を非減少順に並べた系列である．(例えば図 23.2 のトーナメントの得点列は $(0,2,2,2,4)$ である．) $(s_1,\cdots,s_n)$ がトーナメント T の得点列であるとして，次の (i)〜(iii) を示せ．
  (i) $s_1+\cdots s_n = \frac{1}{2}n(n-1)$
  (ii) 各正の整数 $k(<n)$ に対して $s_1+\cdots s_k \geq \frac{1}{2}k(k-1)$ である．またすべての k に対して，真の不等号が成立するための必要十分条件は，T が強連結であることである．
  (iii) T が推移的であるための必要十分条件は，各 k に対して $s_k = k-1$ であることである．

§24 マルコフ連鎖

すでに気づかれたように，有向グラフは種々の実生活の状況の中に出現する．本節では有向グラフの有限マルコフ連鎖への簡単な応用を述べる．別な応用，すなわちネットワークにおけるフローの研究については次章で議論する．もっと多くの応用に興味のある読者は，Deo[13] または Wilson と Beineke[21] を参照されたい．

マルコフ連鎖の研究は，遺伝学，統計学から計算機科学，社会学にまでわたる広い分野から発生した．しかし説明を簡単にするために，非常に平易な問題を考えてみよう．1 人の酔っ払いがいて，お気に入りの 2 軒のバーを結ぶ直線上に立っているとし，その店の名前を「マルコフ連鎖」と「入口と出口」とする (図 24.1 を見よ)．

毎分 10m だけ左のバーへよろめく確率が $\frac{1}{2}$, 右のバーへよろめく確率が $\frac{1}{3}$ とし，同じ場所にいる確率が $\frac{1}{6}$ とする．このようなのが 1 次元**酔歩** (random walk) である．また，その 2 つのバーは「吸収」であるとする．すなわち，どちらかに到達すれば，ずっとそこに留まるものとする．2 つのバーの間の距離，および最初にいた位置が与えられるときに，いくつか質問が生まれる．例えば，どちらのバーに行きつく可能性が高いか，あるいはそこに行くまでどのくらい

図 24.1

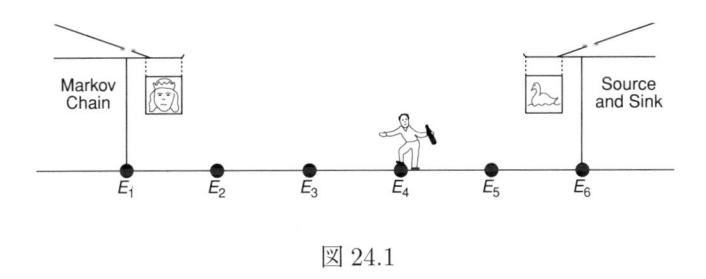

時間がかかるかである．

この酔っ払いの問題をより詳細に調べるために，2 つのバーは 50m 離れていて，我らが友は最初に右側の店「入口と出口」から 20 m のところにいたとする．彼が止まることのできる場所を $E_1,\cdots,E_6$ とする．ここで E_1 と E_6 は 2 つのバーを表わしており，最初の位置 E_4 はベクトル $\mathbf{x}=(0,0,0,1,0,0)$ で記述できる．ここで，i 番目の要素は最初に E_i にいる確率である．さらに，1 分後に彼がいる位置の確率は $(0,0,\frac{1}{2},\frac{1}{6},\frac{1}{3},0)$ であり，2 分後は $(0,\frac{1}{4},\frac{1}{6},\frac{13}{36},\frac{1}{9},\frac{1}{9})$ である．k 分後にいる位置の確率を直接的に計算するのは次第にやっかいになり，これを行なう最も便利な方法は遷移行列を導入することであることがわかる．

1 分後に E_i から E_j に移動している確率を p_{ij} とする．例えば $p_{23}=\frac{1}{3}, p_{24}=0$ である．これらの確率 p_{ij} は**遷移確率** (transition probability) と呼ばれ，6×6 行列 $\mathbf{P}=(p_{ij})$ は**遷移行列** (transition matrix) として知られている (図 24.2 を見よ)．

$$\begin{pmatrix} 1 & 0 & 0 & 0 & 0 & 0 \\ \frac{1}{2} & \frac{1}{6} & \frac{1}{3} & 0 & 0 & 0 \\ 0 & \frac{1}{2} & \frac{1}{6} & \frac{1}{3} & 0 & 0 \\ 0 & 0 & \frac{1}{2} & \frac{1}{6} & \frac{1}{3} & 0 \\ 0 & 0 & 0 & \frac{1}{2} & \frac{1}{6} & \frac{1}{3} \\ 0 & 0 & 0 & 0 & 0 & 1 \end{pmatrix}$$

図 24.2

$\mathbf{P}$ の各要素は非負であり，任意の行の要素の和は 1 である．$\mathbf{x}$ を上で定義し

た初期値行ベクトルとすれば，1分後の位置の確率は行ベクトル $\mathbf{xP}$ で与えられ，k 分後は $\mathbf{xP}^k$ で与えられる．言い換えれば，$\mathbf{xP}^k$ の第 i 要素は k 分後に E_i にいる確率である．

これらのアイディアをいくぶん一般化して，すべての要素が非負で，それらの和が1の行ベクトルを**確率ベクトル** (probability vector) と定義する．このとき，各行が確率ベクトルであるような正方行列を**遷移行列** (transition matrix) と定義する．有限**マルコフ連鎖** (Markov chain) (あるいは単に**連鎖** (chain)) とは，$n \times n$ 遷移行列である $\mathbf{P}$ と $1 \times n$ 行ベクトルである $\mathbf{x}$ からなると定義する．位置 E_i は連鎖の**状態** (state) と普通いわれており，本節の目的はそれらを分類するための種々の手法を述べることにある．

これ以降の本節で扱う問題は，ある与えられた状態から他の状態へ移ることができるかどうか，またもし移れるならば，その最小時間はいくらかということである．例えば，酔っ払いの問題では E_4 から E_1 へ3分，E_4 から E_6 へは2分で行けるが，パブ E_1 は「吸収」なので E_1 から E_4 へは行けない．調べたいことは，確率 p_{ij} の値ではなくて，どのような時に確率が正であるかということである．この状況を表現するために有向グラフを用いる．その有向グラフの点は状態に対応し，弧は1つの状態から他の状態へ1分間で移ることを表わす．より正確には各状態 E_i が対応する点 v_i で表わされるならば，$p_{ij} \neq 0$ のときかつそのときに限り v_i から v_j への弧を描いて，所望の有向グラフが得られる．あるいは，行列 $\mathbf{P}$ の各非零要素を1で置き換えた行列を隣接行列としてもつ有向グラフとも定義できる．この有向グラフをマルコフ連鎖の**関連有向グラフ** (associated digraph) という．1次元酔歩の関連有向グラフが図 24.3 に示されている．

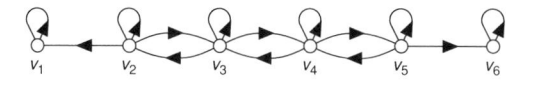

図 24.3

さらに例として，図 24.4 に示す遷移行列をもつ連鎖を考えると，その関連隣接行列と有向グラフは図 24.5 になる．

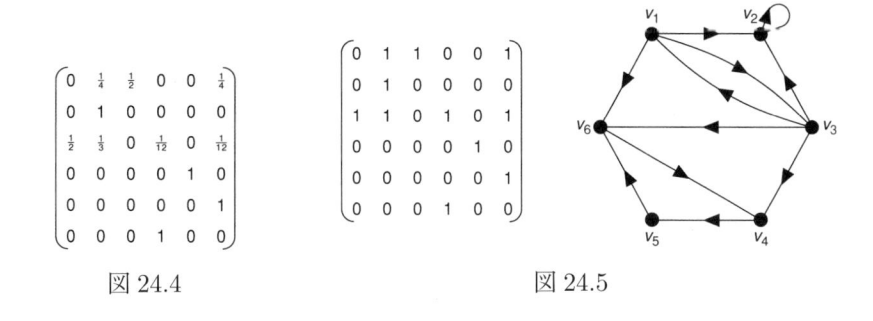

$$\begin{pmatrix} 0 & \frac{1}{4} & \frac{1}{2} & 0 & 0 & \frac{1}{4} \\ 0 & 1 & 0 & 0 & 0 & 0 \\ \frac{1}{2} & \frac{1}{3} & 0 & \frac{1}{12} & 0 & \frac{1}{12} \\ 0 & 0 & 0 & 0 & 1 & 0 \\ 0 & 0 & 0 & 0 & 0 & 1 \\ 0 & 0 & 0 & 1 & 0 & 0 \end{pmatrix}$$

図 24.4

$$\begin{pmatrix} 0 & 1 & 1 & 0 & 0 & 1 \\ 0 & 1 & 0 & 0 & 0 & 0 \\ 1 & 1 & 0 & 1 & 0 & 1 \\ 0 & 0 & 0 & 0 & 1 & 0 \\ 0 & 0 & 0 & 0 & 0 & 1 \\ 0 & 0 & 0 & 1 & 0 & 0 \end{pmatrix}$$

図 24.5

明らかに，状態 E_i から状態 E_j へ移れるための必要十分条件は，関連有向グラフに v_i から v_j へ行く道が存在することである．また，移るのにかかる最小時間は v_i から v_j へ行く最短路の長さである．任意の状態から他の任意の状態に移れるマルコフ連鎖は**既約連鎖** (irreducible chain) と呼ばれる．明らかに，マルコフ連鎖が既約であるための必要十分条件は，関連有向グラフが強連結なることである．上述の連鎖はどちらも既約でない．例えば 2 番目の連鎖には v_2 から他の任意の点へ行く道がない．

これらの問題をさらに詳しく調べるためには，長く続ける限りは必ず戻ってくる状態や，何回か通過するが，その後は決して戻ってこないような状態を区別するのが普通である．より正確には，E_i から出発してその後のある段階で E_i に戻る確率が 1 ならば，E_i は**永続的状態** (persistent state) と呼ばれる．そうでなければ E_i は**過渡的** (transient) であると呼ばれる．例えば酔っ払いの問題では，E_1 と E_6 が永続的であることは明らかであり，他の状態は過渡的である．もっと複雑な例では，必要な確率の計算は非常に巧妙になり，その連鎖の関連有向グラフを解析することにより，状態の分類が容易になることがよくある．状態 E_i が永続的であるための必要十分条件は，関連グラフに点 v_i から他の点 v_j への道があるならば v_j から v_i への道も必ずあることである．これは難しいことではない．図 24.5 においては v_1 から v_4 への道があるが，v_4 から v_1 への道がない．よって E_1 は過渡的であり，E_3 もそうである．E_2, E_4, E_5 および E_6 は永続的である．E_2 のようなそこから他の状態へ行くことができない状態を**吸収状態** (absorbing state) と呼ぶ．

状態を分類するもう 1 つの方法は周期性を用いる．マルコフ連鎖において，

時間 t の整数倍の周期でのみ状態 E_i に戻れるとき, E_i を周期 t の周期的状態 (periodic of period t) と呼ぶ ($t \neq 1$). このような t がないとき, E_i は非周期的状態 (aperiodic state) と呼ばれる. 明らかに $p_{ii} \neq 0$ なる状態 E_i はすべて非周期的である. また, 吸収状態もすべて非周期的であることがわかる. 酔っ払いの問題では, 吸収状態 E_1 と E_6 だけが非周期的なのではなくて, すべての状態が非周期的である. 一方, 第 2 の例では E_2 だけが非周期的状態である. なぜならば, E_1 と E_3 は周期 2 の周期的状態であり, E_4, E_5, E_6 は周期 3 の周期的状態である. 有向グラフの表現でいうならば, E_i が周期 t の周期的状態であるための必要十分条件は, 関連有向グラフにおいて v_i を含む閉じた小道の長さが, すべて t の倍数であることである.

最後に議論を完成させるために, 有限マルコフ連鎖の 1 つの状態が永続的かつ非周期的であるとき, その状態を**エルゴード状態** (ergodic state) と呼ぶ. もしすべての状態がエルゴード的であれば, その連鎖は**エルゴード連鎖** (ergodic chain) と呼ばれる. 現実の目的に対しては, エルゴード連鎖が最も重要であり, しかも扱いやすい. このような連鎖の一例が演習 24.2 に与えられる.

演 習 24

24.1^s (i) 酔っ払いの問題において, 右のバーではそこに到達するとすぐ追っ払われるとしよう. このときの遷移行列, 関連有向グラフ, 状態の再分類を書きくだせ.

(ii) もし両方のバーで追っ払うときには (i) の答えはどうなるか.

24.2^s 円卓のまわりの 5 人が 1 つのサイコロで行なうゲームを考えよう. サイコロに奇数の目が出たときには, その左隣りの人が次に振るものとする. 2 または 4 が出たときには右隣りの人に渡すものとする. もし 6 が出れば同じ人がもう一度投げてよいとする.

(i) 対応する遷移行列および関連有向グラフを書きくだせ.

(ii) 各状態は永続的かつ非周期的であることを示して, 対応するマルコフ連鎖はエルゴード的であることを導け.

24.3 (i) **P** と **Q** が遷移行列ならば **PQ** もそうであることを証明せよ.

(ii) **P** と **Q** の関連有向グラフと **PQ** のそれとの間の関係は何か.

24.4* (i) すべての有限マルコフ連鎖には，少なくとも 1 つの永続的状態があることを証明せよ．
(ii) 有限マルコフ連鎖が既約ならば，すべての状態が永続的であることを示せ．
(iii) 無限マルコフ連鎖はどう定義したらよいのか示せ．またすべての状態が過渡的である一例をつくれ．

第8章 マッチング，結婚，Menger の定理

本章の内容はこれまでの章よりも組合せ論的な性質が強いが，実はグラフ理論と非常に密接に関連していることがわかるであろう．最初に，有名な Philip Hall の「結婚」定理を，いくつかの異なった形で述べるための議論をする．ラテン方陣の構成や時間割問題のようなトピックスへの応用もいくつか述べよう．これらに続いて §28 では Menger により得られた定理を述べる．これはグラフの与えられた 2 つの点を結ぶ素な道の個数に関係している．§29 では Menger の定理を別な形で定式化するが，これは**最大フロー最小カット定理**として知られている．ネットワークフロー問題との関係で，基本的で重要な定理である．

§25 Hall の「結婚」定理

1935 年に Philip Hall によって証明された結婚定理は，**結婚問題** (marriage problem) として知られている次の質問に答えている:

> 女性の有限集合があり，各女性は何人かの男性と知り合いであるとする．すべての女性が知り合いの男性と結婚できるように，カップルが組めるにはどんな条件が必要か．

例えば 4 人の女性 $\{g_1, g_2, g_3, g_4\}$ と 5 人の男性 $\{b_1, b_2, b_3, b_4, b_5\}$ がいて，その間の関係が図 25.1 に示すようであったならば，上の質問の 1 つの解は g_1 を b_4 と，g_2 を b_1 と，g_3 を b_3 と，g_4 を b_2 と結婚させることである．

この問題をグラフ的に表現するには，二部グラフ G を用いればよい．ただし，G の集合は 2 つの素な集合 V_1 と V_2 に分割され，各々は女性および男性の集合

に対応し，知り合いの女性と男性が辺で結ばれるとする．図 25.1 の状況に対応するグラフ G を図 25.2 に示す．

女性	女性と知り合いの男性		
g_1	b_1	b_4	b_5
g_2	b_1		
g_3	b_2	b_3	b_4
g_4	b_2	b_4	

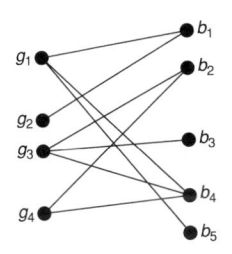

図 25.1　　　　　　　　　　図 25.2

二部グラフ $G(V_1, V_2)$ における V_1 から V_2 への**完全マッチング** (complete matching) とは，V_1 と V_2 の部分集合の間の一対一対応で，しかも対応する 2 つの点は辺で結ばれているようなものである．明らかに，結婚問題はグラフ理論の表現では次のようになる．

$G = G(V_1, V_2)$ が二部グラフのとき，G において V_1 から V_2 への完全マッチングがあるのはどんなときか．

「結婚の話」に戻るとしよう．結婚問題に解があるための 1 つの必要条件は，任意の k 人の女性の誰かと知り合いの男性は，合計 k 人以上であるということが，$1 \leq k \leq m$ なるすべての整数 k について成立することである．ここで m は女性の人数である．この条件を**結婚条件** (marriage condition) ということにする．これが必要条件であることは，もしある k 人の女性の誰かと知り合いの男性が合計 k 人未満とすると，他の女性はどうであれ，その k 人の女性を結婚させることはできないことから直ちにわかる．

一見驚いたことに，この結婚条件が実は十分条件でもあることがわかる．これが **Hall の「結婚」定理** (Hall's "marriage" theorem) の内容である．これは重要であるので，3 通りの証明を与えるが，その最初のは Halmos と Vaughan による．

164　第 8 章　マッチング，結婚，Menger の定理

> **定理 25.1** (P. Hall 1935 年)　結婚問題に解があるための必要十分条件は，どの k 人の女性も合わせて k 人以上の男性と知り合いであることである ($1 \leq k \leq m$).

[注意]　この定理は結婚問題といういくぶん柔かな用語で表わされているが，もっと真剣な問題にも適用できる．例えば仕事割り当て問題に解があるための必要十分条件を与えてくれる．この問題では，いろいろな技能をもった求職者に仕事を割り当てるのであるが，各仕事につける人は様々な資格が要るとする．簡単な例を演習 25.2 に与える．

[証明]　必要性は明らかであることは上で指摘した通りである．十分性を証明するのに m に関する帰納法を用いる．女性が m 人未満ならば定理は成立すると仮定する．$m = 1$ のときには定理は明らかに成立する．

いま m 人の女性がいるとして，次の 2 つの場合に分けて考えよう．

(i) まず最初に，($k < m$ なる) どの k 人の女性をとっても，合わせて $k+1$ 人以上の男性と知り合いであるとする．したがって，いつでも男性が 1 人余るということである．このときには任意の女性を 1 人選び，知り合いの任意の男性と結婚させれば，残りの $m-1$ 人の女性についてもとの条件が成り立つ．帰納法の仮定により，これら $m-1$ 人の女性を結婚させることができて，この場合の証明は終了する．

(ii) 次に，ある $k(<m)$ 人の女性が，合わせてちょうど k 人の男性と知り合いであるとする．帰納法により，これら k 人の女性は結婚させることができて，$m-k$ 人の女性が残る．しかし，これら $m-k$ 人の女性のどの h 人も ($h \leq m-k$)，残りの男性の h 人以上と知り合いでなければならない．なぜならばそうでないとすると，上の k 人の女性と合わせた $h+k$ 人の女性は，合わせて $h+k$ 人未満の男性としか知り合いでないことになり，仮定に反するからである．よって，$m-k$ 人の女性に対してもとの条件が成り立っていることがわかる．したがって，帰納法により彼らすべてが幸福になるように結婚させることができて，証明は完了する．□

Hall の定理は，二部グラフの完全マッチングの言葉では次のように表わせる．

集合 S の元数を $|S|$ と書くことを思い出そう．

系 25.2　$G = G(V_1, V_2)$ は二部グラフとする．V_1 の各部分集合 A に対して，A の中の少なくとも 1 つの点と隣接する V_2 の点の集合を $\varphi(A)$ と書く．このとき，V_1 から V_2 への完全マッチングが存在するための必要十分条件は，V_1 の各部分集合 A に対して $|A| \leq |\varphi(A)|$ が成り立つことである．

[証明]　この系の証明は上の証明をグラフ理論の用語で言い換えればよい．□

演習 25

25.1^s　3 人の女性 a, b, c と 4 人の男性 w, x, y, z との間の関係は，図 25.3 の表のようであったとする．
　(i) この表に対応する二部グラフを描け．
　(ii) 結婚問題の解を 5 つ見つけよ．
　(iii) この問題に対して結婚条件を確かめよ．

女性	女性と知り合いの男性
a	w　　y　　z
b	x　　z
c	x　　y

図 25.3

25.2　ビル建設会社がレンガ職人，大工，鉛管工，機械工の 4 人を求人している．5 人の希望者がいて，そのうちの 1 人はレンガ積みの仕事ができ，1 人は大工ができ，1 人はレンガ積みと鉛管工ができて，残り 2 人は鉛管工と機械工ができる．
　(i) 対応する二部グラフを描け．
　(ii) 結婚条件がこの問題で成立しているかどうかを確かめよ．4 つの仕事全部に，各技能をもった人を割り当てることができるか．

25.3^s　図 25.4 のグラフに V_1 から V_2 への完全マッチングがない理由を説明せよ．結婚条件がくずれるのはどこか．

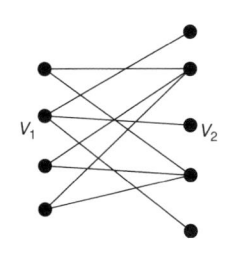

図 25.4

25.4　(いわゆるハーレム問題) B は男性の集合とし，B の各男性は 2 人以上の恋人と結婚したいとしよう．このハーレム問題に解があるための必要十分条件を見つけよ．(ヒント: 各男性をそのいくつかのコピーで置き換えて Hall の定理を用いよ．)

25.5　$G = G(V_1, V_2)$ が二部グラフであり，V_1 の点の次数はすべて V_2 のどの点の次数よりも小さくはないとする．G には完全マッチングがあることを証明せよ．

25.6*　(i) 結婚条件を用いて次のことを示せ: 各女性にボーイフレンドが $r(\geq 1)$ 人いて，各男性にはガールフレンドが r 人いるならば，結婚問題には解がある．

(ii) 上の (i) の結果を用いて次のことを証明せよ: 二部グラフ G が次数 r の正則ならば，G には完全マッチングがある．また，G の彩色指数は r であることを示せ．(定理 20.4 の特殊な例である．)

25.7*　結婚条件は満足しているとし，さらに m 人の女性の各々は t 人以上の男性と知り合いであるとする．m の帰納法で次のことを示せ: $t \leq m$ ならば，そのカップルの組み方は少なくとも $t!$ 通りあり，$t > m$ ならば少なくとも $t!/(t-m)!$ 通りある．

§26 横断理論

本節では Hall の定理の別証明を与えるが,これは横断理論の言葉で表わされる.この証明を,マッチングや結婚の言葉でいいかえることは演習問題として残しておく.

前節の例 (図 25.1 を見よ) では,4人の女性の知り合いの男性の集合は $\{b_1, b_4, b_5\}, \{b_1\}, \{b_2, b_3, b_4\}, \{b_2, b_4\}$ であり,結婚問題の解は,4つの異なる b を男性の各集合から 1 つずつ見つけることにより得られた (図 26.1 を見よ).

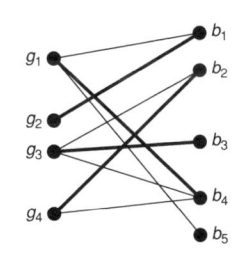

図 26.1

一般に,E が空でない有限集合であり,$\mathcal{F} = (S_1, \cdots, S_m)$ は E の空でない (必ずしも異ならない) 部分集合の族であるときに,$\mathcal{F}$ の**横断** (transversal) とは,各集合 S_i から 1 つ選んだ E の相異なる m 個の元の集合のことである.

他の例として,$E = \{1, 2, 3, 4, 5, 6\}$ とし,

$$S_1 = S_2 = \{1, 2\}, S_3 = S_4 = \{2, 3\}, S_5 = \{1, 4, 5, 6\}$$

とする.このとき各 S_i から 1 つずつ E の相異なる元を 5 つ選ぶことはできない.すなわち,族 $\mathcal{F} = (S_1, \cdots, S_5)$ には横断はない.しかし,部分族 $\mathcal{F}' = (S_1, S_2, S_3, S_5)$ には例えば $\{1, 2, 3, 4\}$ のような横断がある.$\mathcal{F}$ の部分族の横断を $\mathcal{F}$ の**部分横断** (partial transversal) と呼ぶ.この例では,$\mathcal{F}$ の部分横断として $\{1, 2, 3, 6\}, \{2, 3, 6\}, \{1, 5\}, \emptyset$ などがある.明らかに部分横断の任意の部分集合は部分横断である.

「ある集合の部分集合の族が与えられているとき,その族が横断をもつための条件は何か」という疑問が自然に生じる.この問題と結婚問題との関係を理

解するには，男性の集合を E とし，女性 $g_i(1 \leq i \leq m)$ に知り合いの男性の集合を S_i とすればよい．この場合の横断は m 人の男性の集合で，その各々は各女性に対応し，知り合いである．与えられた集合族が横断をもつための必要十分条件が定理 25.1 から得られる．

Hall の定理をこの形で述べて，R. Rado による別証明を与えよう．この証明がきれいなのは，本質的には 1 つのステップからできているところにある．これに対し，Halmos-Vaughan の証明では 2 つの場合を考えねばならなかった．しかし，この証明を結婚に関する直感的かつアピールする表現で述べることは難しい．

> **定理 26.1** E は空でない有限集合として，$\mathcal{F} = (S_1, \cdots, S_m)$ は E の空でない部分集合の族とする．このとき $\mathcal{F}$ に横断があるための必要十分条件は，任意の k 個の部分集合 S_i の和集合に元が k 個以上あることが $1 \leq k \leq m$ について成立することである．

[証明] 必要性は明らかである．十分性を証明する．部分集合の 1 つ (例えば S_1 とする) に元が 2 つ以上あるならば，S_1 から適当な 1 つの元を除去しても条件が成り立つようにできることを示す．もしこれができるならば，繰り返していけばいずれは各部分集合に元は 1 つしかなくなり，その場合の証明は自明である．

上の「帰着手続き」の正当性を示せばよい．そのために S_1 には元 x と y が含まれており，どちらを除去しても条件がくずれてしまうとする．このとき $\{2, 3, \cdots, m\}$ の部分集合 A と B で，$|P| \leq |A|$ および $|Q| \leq |B|$ なるものが存在する．ここで

$$P = \bigcup_{j \in A} S_j \cup (S_1 - \{x\}), \quad Q = \bigcup_{j \in B} S_j \cup (S_1 - \{y\})$$

である．このとき

$$|P \cup Q| = |\bigcup_{j \in A \cup B} S_j \cup S_1|, \quad |P \cap Q| \geq |\bigcup_{j \in A \cap B} S_j|$$

である．矛盾が次のように得られる．

$$
\begin{aligned}
|A|+|B| &\geq |P|+|Q| = |P\cup Q|+|P\cap Q| \\
&\geq \left|\bigcup_{j\in A\cup B} S_j \cup S_1\right| + \left|\bigcup_{j\in A\cap B} S_j\right| \\
&\geq (|A\cup B|+1)+|A\cap B| \quad \text{(Hall の条件による)} \\
&= |A|+|B|+1 \quad \square
\end{aligned}
$$

Hall の定理の応用を述べる前に，次の 2 つの系を述べておいた方が便利である．これらは §33 で必要になる．最初の系は結婚の話に直すと，t 人以上の女性が知り合いの男性と結婚できるための条件を与えている．

系 26.2 E と $\mathcal{F}$ は前と同じとする．$\mathcal{F}$ に大きさ t の部分横断があるための必要十分条件は，任意の k 個の部分集合 S_i の和集合に，元が $k+t-m$ 個以上あることである．

[略証] 集合 D は E と素であり，$m-t$ 個の元を含む任意の集合とする．族 $\mathcal{F}' = (S_1\cup D,\cdots,S_m\cup D)$ に定理 26.1 を適用すれば，この系の証明ができる．$\mathcal{F}$ に大きさ t の部分横断があるための必要十分条件は，$\mathcal{F}'$ に横断があることである．この事実に留意しよう．$\square$

系 26.3 E と $\mathcal{F}$ は前と同じとし，X は E の任意の部分集合とする．X に大きさ t の $\mathcal{F}$ の部分横断が含まれるための必要十分条件は，$\{1,\cdots,m\}$ の各部分集合 A に対して次式が成立することである．

$$\left|\left(\bigcup_{j\in A} S_j\right)\cap X\right| \geq |A|+t-m$$

[略証] 前の系を族，$\mathcal{F}_X = (S_1\cap X,\cdots,S_m\cap X)$ に適用すればよい．$\square$

演習 26

26.1^s $E = \{1, 2, 3, 4, 5\}$ の次の部分集合のうち横断をもつのはどれか.横断をもつ族の横断をすべてと,横断をもたない族の部分横断をすべて列挙せよ.

　(i) $(\{1\}, \{2, 3\}, \{1, 2\}, \{1, 3\}, \{1, 4, 5\})$
　(ii) $(\{1, 2\}, \{2, 3\}, \{4, 5\}, \{4, 5\})$
　(iii) $(\{1, 3\}, \{2, 3\}, \{1, 2\}, \{3\})$
　(iv) $(\{1, 3, 4\}, \{1, 4, 5\}, \{2, 3, 5\}, \{2, 4, 5\})$

26.2　上の演習 26.1 と同じことを,集合 $\{G, R, A, P, H, S\}$ の次のような部分集合族に対して行なえ.

　(i) $(\{R\}, \{R, G\}, \{A, P\}, \{A, H\}, \{R, A\})$
　(ii) $(\{R\}, \{R, G\}, \{A, G\}, \{A, R\})$
　(iii) $(\{G, R\}, \{R, P, H\}, \{G, S\}, \{R, H\})$
　(iv) $(\{R, P\}, \{R, P\}, \{R, G\}, \{R\})$

26.3^s　単語 $MATROIDS$ の中の文字の集合を E とする. E の部分集合の族 $(STAR, ROAD, MOAT, RIOT, RIDS, DAMS, MIST)$ には横断がちょうど 8 個あることを示せ.

26.4^s　E は集合 $\{1, 2, \cdots, 50\}$ とする.族 $(\{1, 2\}, \{2, 3\}, \{3, 4\}, \cdots, \{50, 1\})$ には異なる横断が何個あるか.

26.5　$E = \{a, b, c, d, e\}, \mathcal{F} = (\{a, c, e\}, \{b, d\}, \{b, d\}, \{b, d\}), X = \{a, b, c\}$ として,系 26.2 および 26.3 の命題を確かめよ.

26.6^s　$E = \{\diamondsuit, \heartsuit, \spadesuit, \clubsuit, \star\}, \mathcal{F} = (\{\blacklozenge, \heartsuit, \spadesuit\}, \{\spadesuit, \clubsuit\}, \{\clubsuit\}, \{\clubsuit\}, \{\blacklozenge, \heartsuit, \star\})$ とする.

　(i) 結婚条件が満足されない $\mathcal{F}$ の部分集合をすべて列挙せよ.
　(ii) 系 26.2 の命題を確かめよ.

26.7　(i) 系 26.2 および 26.3 の命題を結婚の話に書き直せ.
　(ii) Hall の定理の Halmos-Vaughan の証明を横断理論の言葉で書き直せ.

§26 横断理論　171

26.8* E と $\mathcal{F}$ はいつも通りとする．T_1 と T_2 は $\mathcal{F}$ の横断であり，x は T_1 の元とする．$(T_1 - \{x\}) \cup \{y\}$ (T_1 の x を y で入れ換えて得られる集合) も $\mathcal{F}$ の横断であるような T_2 の元 y が存在することを示せ．この結果と演習 9.11 とを比較せよ．
(この結果は 9 章に出てくる.)

26.9* E の部分集合 A の**階数** (rank) $r(A)$ とは，A に含まれる $\mathcal{F}$ の最大の部分横断の中に含まれる元の個数のことである．次の (i)〜(iii) を示せ．
(i) $0 \leq r(A) \leq |A|$
(ii) $A \subseteq B \subseteq E$ ならば $r(A) \subseteq r(B)$ である．
(iii) $A, B \subseteq E$ ならば，$r(A \cup B) + r(A \cap B) \leq r(A) + r(B)$ である．
これらの結果と演習 9.12 とを比較せよ．
(この結果は 9 章で必要になる.)

26.10* E の m 個の空でない部分集合の族を $\mathcal{F}$ とし，A は E の部分集合とする．族 $\mathcal{F}$ に $E - A$ の $|E| - m$ 個のコピーを加えてできる族に Hall の定理を適用して，次のことを証明せよ．$\mathcal{F}$ の横断で A を含むものが存在するための必要十分条件は，次の (i), (ii) である．
(i) $\mathcal{F}$ には横断がある．
(ii) A は $\mathcal{F}$ の部分横断である．
(マトロイド理論を用いたより簡単な証明を §33 で与える.)

26.11* E は可算集合とし，E の空でない**有限**部分集合 (finite subset) の可算族を $\mathcal{F} = (S_1, S_2, \cdots)$ とする．
(i) $\mathcal{F}$ の横断を自然に定義して，König の補題 (定理 16.3) を用いて次のことを証明せよ: $\mathcal{F}$ に横断があるための必要十分条件は，すべての有限な k に対して，任意の k 個の部分集合 S_i の和集合には少なくとも k 個の元が含まれることである．
(ii) 例として $E = \{1, 2, 3, \cdots\}, S_1 = E, S_2 = \{1\}, S_3 = \{2\}, S_4 = \{3\}, \cdots$ を考えて，次のことを示せ: S_i のすべてが有限であるとは限らない場合には，上の (i) の結果は成立しない．

§27　Hallの定理の応用

本節では，Hallの定理をラテン方陣の構成問題，$(0,1)$ 行列の要素問題，ある与えられた集合の2つの部分集合族に共通な横断が存在するかを問う問題などに応用する．最後の応用は時間割問題に関係している．

ラテン方陣

$m \times n$ **ラテン長方形** (latin rectangle) とはすべての要素が整数であり，次の (i) と (ii) を満足する $m \times n$ 行列 $\boldsymbol{M} = (m_{ij})$ のことである．

(i) $1 \leq m_{ij} \leq n$

(ii) どの行および列にも同じ要素はない．

(i) と (ii) から $m \leq n$ でなければならないことがわかる．$m = n$ のときにそのラテン長方形は**ラテン方陣** (latin square) と呼ばれる．例えば，図 27.1 と図 27.2 に示したのは 3×5 ラテン長方形と 5×5 ラテン方陣である．

$m \leq n$ なるラテン長方形があるとき，$n - m$ 個の新しい行をつけ加えてラテン方陣がつくれるのはどんなときか．驚いたことに，答えは「いつでもできる」である．

$$\begin{pmatrix} 1 & 2 & 3 & 4 & 5 \\ 2 & 4 & 1 & 5 & 3 \\ 3 & 5 & 2 & 1 & 4 \end{pmatrix}$$

図 27.1

$$\begin{pmatrix} 1 & 2 & 3 & 4 & 5 \\ 2 & 4 & 1 & 5 & 3 \\ 3 & 5 & 2 & 1 & 4 \\ 4 & 3 & 5 & 2 & 1 \\ 5 & 1 & 4 & 3 & 2 \end{pmatrix}$$

図 27.2

定理 27.1　$\boldsymbol{M}$ は $m < n$ なる $m \times n$ ラテン長方形であるとする．このとき $\boldsymbol{M}$ に $n - m$ 本の新しい行をつけ加えてラテン方陣に拡大することができる．

[証明]　$\boldsymbol{M}$ が $(m+1) \times n$ のラテン長方形に拡大できることを示そう．これを繰り返せばラテン方陣が得られる．

$E = \{1, 2, \cdots, n\}, \mathcal{F} = (S_1, \cdots, S_n)$ とする．ただし M の第 i 列に現われない E の要素の集合が S_i である．$\mathcal{F}$ に横断があることが証明できれば，それを1つの行としてつけ加えればよいので，証明が完成することになる．Hall の定理により，任意の k 個の S_i の和集合には異なる元が k 個以上あることを示せばよい．しかしこれは明らかである．なぜならば，このような和集合には重複も含めると，$(n-m)k$ 個の元があるので，もし相異なる元が k 個未満とすると，それらのうちの少なくとも 1 つは $n-m+1$ 回以上現われる．各元は M にちょうど m 回現われ，しかも同じ列には現われない．よって各元は n 個の S_i のちょうど $n-m$ 個に現われる．したがって矛盾である．□

(0, 1) 行列

集合 $E = \{e_1, \cdots, e_n\}$ の空でない部分集合の族 $\mathcal{F} = (S_1, \cdots, S_m)$ の横断を研究する別な方法では族の**接続行列** (incidence matrix) を調べる．$m \times n$ 接続行列 $\boldsymbol{A} = (a_{ij})$ では，$e_j \in S_i$ ならば $a_{ij} = 1$ であり，そうでないならば $a_{ij} = 0$ である．このように，すべての要素が 0 または 1 である行列を **(0, 1) 行列**と呼ぶ．$\boldsymbol{A}$ の同じ行や同じ列から，2 個以上選ぶことはないようにして選び出した 1 の最大個数を $\boldsymbol{A}$ の**項別階数** (term rank) と定義する．$\mathcal{F}$ に横断があるための必要十分条件は，$\boldsymbol{A}$ の項別階数が m であることである．さらに，$\boldsymbol{A}$ の項別階数は一番大きな部分横断の元の個数にちょうど一致する．**König-Egerváry の定理** (König-Egerváry theorem) として知られている $(0, 1)$ 行列の有名な結果を，Hall の定理の 2 番目の応用として証明しよう．

定理 27.2 (König-Egerváry 1931 年)　$(0, 1)$ 行列 $\boldsymbol{A}$ の項別階数は，$\boldsymbol{A}$ のすべての 1 を含むように選んだ行および列の個数の和の最小値 μ に等しい．

[注意]　定理の例題として図 27.3 の行列を考えてみよう．これは $E = \{1, 2, 3, 4, 5, 6\}$ の部分集合の族 $\mathcal{F} = (S_1, S_2, S_3, S_4, S_5)$ の接続行列である．ただし $S_1 = S_2 = \{1, 2\}, S_3 = S_4 = \{2, 3\}, S_5 = \{1, 4, 5, 6\}$ である．明らかに，項別階数および μ はどちらも 4 である．

[証明]　明らかに項別階数は μ 以下である．等しいことを証明する．$\boldsymbol{A}$ のすべての 1 は r 個の行および s 個の列に含まれており（ここで $r + s = \mu$），それらの

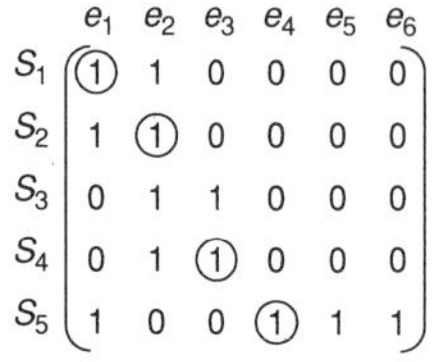

174　第8章　マッチング，結婚，Mengerの定理

$$
\begin{array}{c|cccccc}
 & e_1 & e_2 & e_3 & e_4 & e_5 & e_6 \\
\hline
S_1 & \textcircled{1} & 1 & 0 & 0 & 0 & 0 \\
S_2 & 1 & \textcircled{1} & 0 & 0 & 0 & 0 \\
S_3 & 0 & 1 & 1 & 0 & 0 & 0 \\
S_4 & 0 & 1 & \textcircled{1} & 0 & 0 & 0 \\
S_5 & 1 & 0 & 0 & \textcircled{1} & 1 & 1 \\
\end{array}
$$

図 27.3 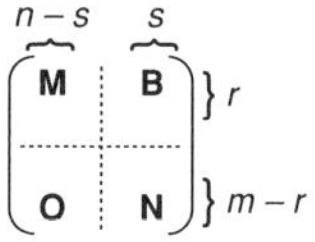　　　　　　　図 27.4

行および列の順序は，A の左下隅に 0 だけからなる $(m-r) \times (n-s)$ 部分行列があるようになっているとして，一般性を失わない (図 27.4 を見よ)．

$i \leq r$ なる各 i について，集合 S_i は $a_{ij} = 1$ なる整数 $j \leq n-s$ からできているとしよう．これらの S_i の任意の k 個の和集合には，k 個以上の整数が含まれることを確かめるのはやさしい演習である．よって，族 $\mathcal{F} = (S_1, \cdots, S_r)$ には横断がある．A の部分行列 M には，同じ行および列に入っていない r 個の1があることがわかる．同様にして，行列 N にも同じ性質の s 個の1がある．よって μ は項別階数以下であることがわかる．□

Hall の定理を用いて König-Egerváry の定理を上で証明した．逆に，König-Egerváry の定理から Hall の定理を証明することは容易である (演習 27.5 を見よ)．したがって，2 つの定理はこの意味で同値である．本章の後節で，Menger の定理と最大フロー最小カット定理を証明するが，どちらも Hall の定理に同値であることが示せる．

共通横断

本節を終える前に，共通横断について簡単にふれよう．E は空でない有限集合であり，$\mathcal{F} = (S_1, \cdots, S_m)$ および $\mathcal{G} = (T_1, \cdots, T_m)$ は E の空でない部分集合の族であるとき，$\mathcal{F}$ と $\mathcal{G}$ の**共通横断** (common transversal)，すなわち E の相異なる m 個の元の集合で，$\mathcal{F}$ および $\mathcal{G}$ の両方の横断になっているものがあるのはどんなときかという問題は，興味深い．例えば時間割問題では，E は講義の時間帯の集合であり，教授 i が希望している時間帯の集合が S_i であり，i 番教室が使える時間帯の集合が T_i であるとすると，$\mathcal{F}$ と $\mathcal{G}$ の共通横断を見つければ，各教授を希望している時間帯に利用可能な教室に割り当てることができる．

実は，2 つの族が共通横断をもつための必要十分条件を与えることができる．

$T_j = E (1 < j < m)$ とおくと,次の定理 27.3 は Hall の定理に帰着することに注意しよう.

> **定理 27.3** E は空でない有限集合として,$\mathcal{F} = (S_1, \cdots, S_m)$ および $\mathcal{G} = (T_1, \cdots, T_m)$ は E の空でない部分集合の族であるとする.このとき $\mathcal{F}$ と $\mathcal{G}$ が共通横断をもつための必要十分条件は,$\{1, 2, \cdots, m\}$ のすべての部分集合 A と B に対して,次式が成立することである.
> $$P = \left| \left(\bigcup_{i \in A} S_i \right) \cap \left(\bigcup_{j \in B} T_j \right) \right| \geq |A| + |B| - m$$

[略証] E と $\{1, \cdots, m\}$ は素であるとする.$E \cup \{1, \cdots, m\}$ の部分集合の族 $\chi = \{X_i\}$ を考えよう.ただし,$i \in E \cup \{1, \cdots, m\}$ であり,$i \in \{1, \cdots, m\}$ なる i に対しては $X_i = S_i$ であり,$i \in E$ なる i に対しては $X_i = \{i\} \cup \{j : i \in T_j\}$ とする.$\mathcal{F}$ と $\mathcal{G}$ が共通横断をもつための必要十分条件は,χ が横断をもつことであるのを確かめるのは難しくない.この族 χ に Hall の定理を適用すれば,本定理が得られる□

ある集合の部分集合の族が 3 つあるとき,それらの共通横断が存在するための条件は知られていない.このような条件を見つける問題は,きわめて難しいように思われる.この問題を解く試みがいろいろなされたが,多くはマトロイド理論を用いている.次章で示すように,横断理論のいくつかの問題は (例えば演習 26.10 および定理 27.3 は) マトロイドの観点から見ると非常に簡単になる.横断理論の詳細は Bryant と Perfect[25] にも載っている.

演 習 27

27.1^s　5×8 ラテン長方形と 6×6 ラテン方陣の一例を与えよ.

27.2^s　次のラテン長方形を 5×5 ラテン方陣へ完成する 2 通りの方法を見つけよ.

$$\begin{pmatrix} 1 & 2 & 3 & 4 & 5 \\ 5 & 3 & 1 & 2 & 4 \end{pmatrix}$$

27.3 (i) 演習 25.7 の結果を用いて次のことを証明せよ: $m < n$ ならば, $m \times n$ ラテン長方形の $(m+1) \times n$ ラテン長方形へ拡大の仕方は $(n-m)!$ 通り以上ある.

(ii) $n \times n$ ラテン方陣の個数は, $n!(n-1)! \cdots 1!$ 個以上であることを示せ.

27.4^s 次の 2 つの行列に対して König-Egerváry の定理を確かめよ.

$$\begin{pmatrix} 0 & 0 & 1 & 0 & 1 \\ 1 & 0 & 1 & 1 & 1 \\ 0 & 1 & 1 & 0 & 0 \\ 0 & 0 & 0 & 0 & 1 \end{pmatrix} \quad \begin{pmatrix} 0 & 1 & 1 & 0 & 1 \\ 1 & 0 & 1 & 0 & 0 \\ 0 & 1 & 1 & 1 & 1 \\ 1 & 1 & 0 & 0 & 1 \end{pmatrix}$$

27.5^s $(0,1)$ 行列を部分集合族の接続行列と見なして, König-Egerváry の定理をどう用いれば Hall の定理が証明できるか示せ.

27.6^s $E = \{a,b,c,d,e\}, \mathcal{F} = (\{a,c,e\},\{a,b\},\{c,d\}), \mathcal{G} = (\{d\},\{a,e\},\{a,b,d\})$ とする.
(i) $\mathcal{F}$ と $\mathcal{G}$ の共通横断を見つけよ.
(ii) 定理 27.3 の条件を確かめよ.

27.7 $\mathcal{F} = (\{a,b,d\},\{c,e\},\{a,e\})$ と, $\mathcal{G} = (\{c,d\},\{b\},\{b,c,e\})$ に対して演習 27.6 と同じことをせよ.

27.8* G は有限群とし, H は G の部分族とする. 定理 27.3 を用いて次のことを示せ: H に関する G の左および右剰余類分解が

$$G = x_1 H \cup x_2 H \cup \cdots \cup x_m H = H y_1 \cup H y_2 \cup \cdots H y_m$$

ならば

$$G = z_1 H \cup z_2 H \cup \cdots \cup z_m H = H z_1 \cup H z_2 \cup \cdots H z_m$$

なる G の元 $z_1, \cdots, z_m$ が存在する.

§28 Mengerの定理

次に議論する定理は Hall の定理と密接な関係にあり，しかも実用的応用にきわめて深く関わっている．この定理は K. Menger により得られたもので，グラフ G の 2 つの点 v と w を結ぶ道の個数を問題にしている．例えば，共通な辺をもたない v から w への道が最大何本あるか見つけたいときがある．このような道は**辺素な道** (edge-disjoint path) と呼ばれる．あるいは，共通な点をもたない (もちろん v と w は除く) 道が最大何本あるか見つけたいこともある．これらは**点素な道** (vertex-disjoint path) と呼ばれる．(図 28.1 のグラフには明らかに 4 本の辺素な道と 2 本の点素な道がある.)

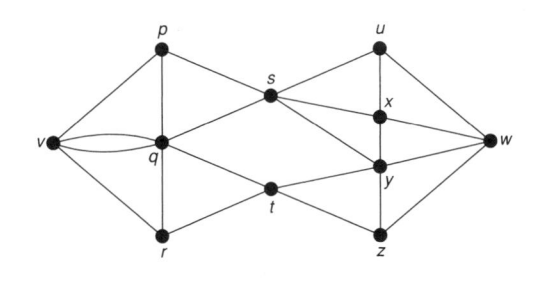

図 28.1

この問題を調べるにあたって，さらにいくつか定義しなければならない．以下では G は連結グラフであり，v と w は G の与えられた相異なる点とする．G の vw-**非連結化集合** (vw-disconnecting set) とは G の辺の集合 E で，v から w への任意の道は必ず E の辺を含むという性質を満足しているものである．vw-非連結化集合は，G の非連結化集合でもあることに注意しよう．同様に，G の vw-**分離集合** (vw-separating set) とは (v と w を含まない) 点の集合 S で，v から w への任意の道は必ず S の点を通るという性質をもつ S のことである．例えば図 28.1 においては，$E_1 = \{ps, qs, ty, tz\}$ と $E_2 = \{uw, xw, yw, zw\}$ は vw-非連結化集合であり，$V_1 = \{s, t\}$ と $V_2 = \{p, q, y, z\}$ は vw-分離集合である．

v から w への辺素な道の本数を計算しよう．まず気づくことであるが，vw-非連結化集合 E に k 本の辺があるとき，辺素な道は k 本以下である．なぜならば，

$k+1$ 本以上あるとすると，E のある辺は 2 本以上の道に含まれることになるからである．さらに E が最小の vw-非連結化集合ならば，辺素な道はちょうど k 本あり，したがって E の各辺はそのうちの 1 つの道に含まれている．この結果は**辺形の Menger の定理** (Menger's theorem) として知られているが，1955 年に Ford と Fulkerson とによって初めて証明された．

> **定理 28.1** 連結グラフ G の異なる 2 点 v と w を結ぶ辺素な道の個数の最大値は，vw-非連結化集合の辺数の最小値 k に等しい．

[注意] これから述べる証明は構成的ではない．というのも，G が与えられても k 本の辺素な道を求める系統的な方法はわからないし，k の値すら求まらないからである．これらの問題を解くのに用いられるアルゴリズムは，次節で与えられる．

[証明] 上で指摘したように，v と w を結ぶ辺素な道の最大数は，vw-非連結化集合の最小辺数以下である．G の辺数に関する帰納法を用いて，これらの数が等しいことを証明する．G の辺数を m として，辺が m 本未満のすべてのグラフに対して定理は真であるとする．次の 2 つの場合を考えればよい．

(i) k が最小の vw-非連結化集合 E があり，E のすべての辺が必ずしも v に接続しているわけではなく，また w に接続しているわけでもないとする．例えば図 28.1 のグラフでは，前掲の E_1 がこのような vw-非連結化集合である．E の辺すべてを G から除去すると，2 つの素な部分グラフ V と W が残り，それぞれ v と w を含む．ここで，新しい 2 つのグラフ G_1 と G_2 を次のように定める．V のすべての辺を縮約 (すなわち V を v に縮小) して G から得られるグラフが G_1 である．同様に，W の辺をすべて縮約して得られるグラフが G_2 である．図 28.1 から得られるグラフ G_1 と G_2 を図 28.2 に示す．点線は E_1 の辺を表わしている．G_1 と G_2 の辺数は G より少なく，E は明らかに G_1 と G_2 のどちらにおいても最小な vw-非連結化集合であるので，帰納法の仮定により G_1 には v から w への k 本の辺素な道があり，同様に G_2 にもある．G の所望の k 本の辺素な道は，これらの道を組み合わせて得られるが，その方法は明らかであろう．

(ii) k が最小の vw-非連結化集合はいずれも，すべての辺が v に接続しているか，あるいはすべての辺が w に接続しているとする．例えば図 28.1 では，集

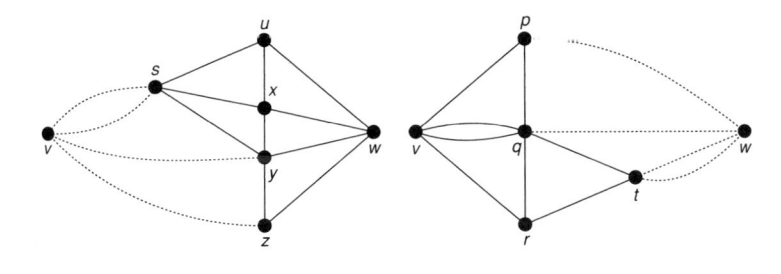

図 28.2

合 E_2 がこのような vw-非連結化集合である．一般性を失うことなく，G の各辺は大きさ k の vw-非連結化集合のどれか 1 つに含まれているとしてよい．なぜならば，含まれていない辺があるならば，それを除去すると k の値は変化しないが，帰納法の仮定が使えて k 本の辺素な道が求まってしまうからである．こうして，v から w への任意の道 P は 1 本あるいは 2 本の辺からなっており，大きさ k の任意の vw-非連結化集合の辺のうち高々 1 本しか含まないことがわかる．G から P の辺すべてを除去して得られるグラフには，帰納法の仮定により，$k-1$ 本以上の辺素な道が含まれる．これらの道と P を合わせれば，G の k 本の道が得られる．□

次に本節の初めに指摘したもう 1 つの問題に移ろう．それは v から w への点素な道の個数を求める問題である．Menger 自身が解いたのはこちらであるが，定理 28.1 および 28.2 の両方に彼の名前がつけられるのが普通である．一見して驚くかもしれないが，こちらの問題の答えが定理 28.1 と非常に似た形をしているばかりか，定理 28.1 の証明をほんの少し変更するだけで証明できる．主に「辺素」や「接続」のような用語を「点素」や「隣接」に置き換えればよい．次に点形の Menger の定理 を述べるが，その証明は省略する．

定理 28.2 (Menger 1927 年)　グラフ G の隣接していない 2 点 v と w を結ぶ点素な道の最大数は，vw-分離集合の点の最小数に等しい．

定理 28.1 および 28.2 用いれば，k-連結および k-辺連結グラフであるための

必要十分条件が直ちに得られる．

系 28.3 グラフ G が k-辺連結であるための必要十分条件は，G の相異なる 2 点が k 本以上の辺素な道で結ばれることである．

系 28.4 $k+1$ 個以上の点があるグラフ G が k-連結であるための必要十分条件は，G の相異なる 2 点が k 本以上の点素な道で結ばれることである．

上の議論を修正して，有向グラフ中の点 v から w へ行く弧素な道の本数を与えることができる．この場合，v は入口であり，w は出口であるとしてよい．このときの定理は，定理 28.1 にきわめて似た形をしており，証明も一言一句同じである．ただし，有向グラフでは，vw-非連結化集合とは弧の集合 A で，v から w へ行く道はすべて A の弧を通るような A のことである．

定理 28.5 有向グラフにおける点 v から w へ行く弧素な道の最大本数は，vw-非連結化集合の弧の最小本数に等しい．

例として，図 28.3 の有向グラフを考えよう．v から w へ行く 6 本の弧素な道がある．対応する vw-非連結化集合は弧 vz, xz, yz(2 本), xw(2 本) からできている．

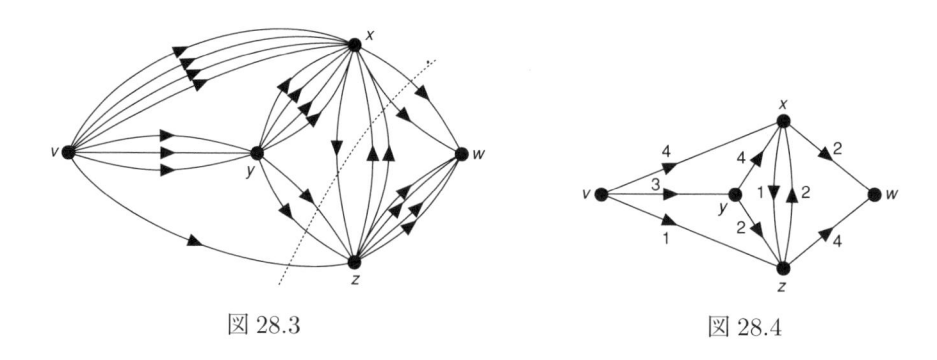

図 28.3   図 28.4

隣接する 2 点を結ぶ弧の本数が増えると，このような図を描くのはやっかいになるので，1 本だけ弧を描いて，その脇に弧の本数を書いておく (図 28.4 を見よ)．この見た目にはつまらない注意が，ネットワークフローの研究では基本的に大切なことになる．これらの問題は次節で議論する．

本節を終えるにあたり，Menger の定理から Hall の定理が導けることを証明する．系 25.2 に示した形の Hall の定理を証明する．

定理 28.6 Menger の定理は Hall の定理を包含する．

[証明] $G = G(V_1, V_2)$ は二部グラフとする．V_1 の各部分集合 A に対して $|A| \leq |\varphi(A)|$ ならば，V_1 から V_2 への完全マッチングがあることを証明しなければならない．V_1 のすべての点に隣接している点 v，および V_2 のすべての点に隣接している点 w を G につけ加える (図 28.5 を見よ)．得られたグラフに点形の Menger の定理 (定理 28.2) を適用すればよい．V_1 から V_2 への完全マッチングが存在するための必要十分条件は，v から w への点素な道の本数が V_1 の点の個数 k に等しいことである．よって，すべての vw-分離集合には k 個以上点が含まれることを示せばよい．

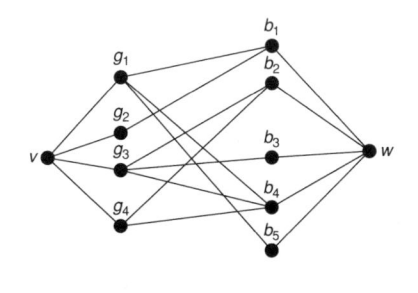

図 28.5

S は vw-分離集合であり，V_1 の部分集合 A と V_2 の部分集合 B からできているとする．$S = A \cup B$ は vw-分離集合であるので，$V_1 - A$ の点と $V_2 - B$ の点を結ぶ辺はない．よって $\varphi(V_1 - A) \subseteq B$ である．したがって，$|V_1 - A| \leq |\varphi(V_1 - A)| \leq |B|$ であり，$|S| = |A| + |B| \geq |V_1| = k$ である．□

演習 28

28.1^s　図 28.6 のグラフに対して，定理 28.1 および 28.2 を確かめよ．

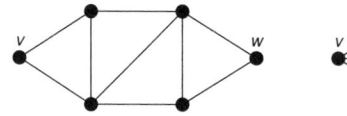

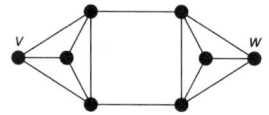

図 28.6

28.2^s　ピータスン・グラフに対して，定理 28.1 および 28.2 を確かめることを，次の 2 つの場合に分けて行なえ．

(i) 点 v と w が隣接しているとき．

(ii) 点 v と w が隣接していないとき．

28.3　定理 28.2 を詳細に証明せよ．

28.4^s　次のグラフに対して，系 28.3 を確かめよ．

(i) W_5　(ii) $K_{3,4}$　(iii) Q_3

28.5　次のグラフに対して，系 28.4 を確かめよ．

(i) $K_{3,5}$　(ii) $K_{3,3,3}$　(iii) 正八面体グラフ

28.6　図 28.7 の有向グラフに対して，定理 28.5 を確かめよ．

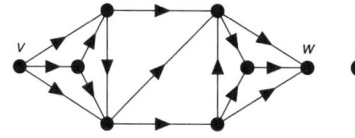

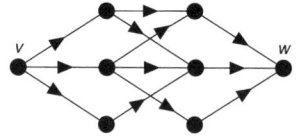

図 28.7

§29 ネットワークフロー

今日の社会の多くは，輸送，通信などのネットワークによって運営がなされており，このようなネットワークの数学的解析が基本的に重要な分野になってきた．本節では，ネットワーク解析が本質的には有向グラフの研究と同じであることを簡単な例によって示そう．

コンピュータの製造会社が，コンピュータの入ったダンボール箱を何個か販売店に送りたいとする．箱を送るいろいろなルートがあり，図29.1のようになっているとする．vは会社をwは販売店を表わす．図に示した数字はそのルートを通過できる荷物の最大量を表わしている．このとき各ルートの許容量を越えないようにして，会社から販売店に送ることができる箱の最大個数を求めたい．

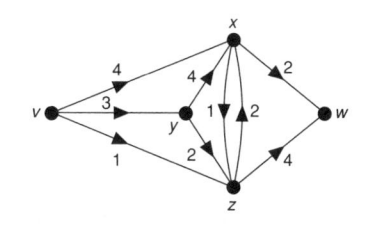

図 29.1

図29.1は，他の種々の状況を表現するのにも用いることができる．例えば，各弧が一方通行を表わし，各道路につけられた数字が最大交通量(毎時何台かという)ならば，vからwへ1時間当たり最大何台通過できるかを知りたいであろう．別な例では，その図を電気回路網と見なす．このときには各配線が焼き切れないよう，安全に通すことができる最大の電流値を求める問題である．

これらの問題を参考にしながら，次のように定義する．**ネットワーク** (network) N とは重みつき有向グラフであるとする．その有向グラフの各弧には**容量** (capacity) と呼ばれる非負実数 $\Psi(a)$ が定められている．点 x の**出次数** (outdegree) outdeg(x) を xz の形をした弧の容量の総和と定義し，**入次数** (in-degree) indeg(x) も同様に定義する．例えば，図29.1のネットワークでは outdeg$(v) = 8$, indeg$(x) = 10$ である．明らかに，握手有向補題 と類似した結果が次の形で得られる．

ネットワークの全点についての出次数の総和は，入次数の総和に等しい．

以下では特に断わらない限り，有向グラフ D には 1 つの入口 v と 1 つの出口 w があると仮定する．入口や出口がいくつかある一般の場合は，この特別な場合に容易に帰着させることができる (演習 29.5 を見よ)．上の最初の例で，会社や販売店がいくつもある場合がこの一般の場合に対応する．

ネットワークの**フロー** (flow) とは，各弧 a に非負実数 $\varphi(a)$ を割り当てる関数 φ のことである．ただし，次の (i) と (ii) を満足しなければならない．

(i) 各弧 a に対して $\varphi(a) \leq \Psi(a)$ である．
(ii) v と w 以外の各点において出次数と入次数が等しい．

この物理的意味は，各弧でのフローの値はその容量を越えることはなく，v と w 以外の任意の点へ入る「総フロー」はその点から出る「総フロー」に等しいということである．図 29.1 のネットワークのフローの一例を図 29.2 に示す．すべての弧のフローが 0 である**零フロー** (zero flow) もフローの一例であり，それ以外のフローは**非零フロー** (non-zero flow) と呼ばれる．$\varphi(a) = \Psi(a)$ なる弧 a は**飽和** (saturated) しているという．図 29.2 では弧 vz, xz, yz, xw, zw が飽和しており，残りの弧は**非飽和** (unsaturated) である．

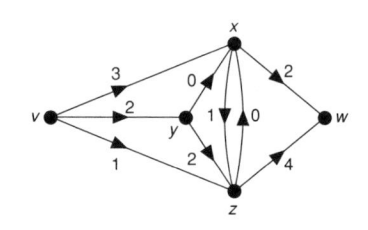

図 29.2

握手有向補題 からわかるように，入口 v から出る弧のフローの総和は，出口 w へ入る弧のフローの総和に等しい．これは**フローの値** (value of the flow) と呼ばれる．本節の初めにあげた例を背景にすれば，フローのうちで値が最大のもの，いわゆる**最大フロー** (maximum flow) が特に興味深い．容易に確かめら

れるように，図 29.2 のフローは図 29.1 のネットワークの最大フローであり，その値は 6 である．一般に，ネットワークには最大フローがいくつもあるが，それらの値はすべて等しいことに注意しよう．

ネットワークの最大フローの研究は，**カット** (cut) の概念と密接に関係している．カットとは D の弧の集合 A で，v から w へ行く道はすべて A の弧を含むような A のことである．いいかえれば，ネットワークのカットとは，単に対応する有向グラフ D の vw-非連結化集合のことである．**カットの容量** (capacity of a cut) とは，カットの弧の容量の総和であるとする．容量ができるだけ小さいカット，いわゆる**最小カット** (minimum cut) に主として注目する．図 29.3 の最小カットの一例は vz, xz, yz, xw からできており，弧 zx は含まない．その容量は $1+2+1+2=6$ である．

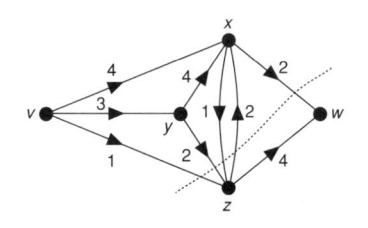

図 29.3

任意のフローの値が任意のカットの容量を越えないことは明らかである．よって，**最大**フローの値は**最小カット**の容量を越えない．実はこれら 2 つの値はいつでも等しい．この有名な結果は**最大フロー最小カット定理** (max-flow min-cut theorem) として知られており，1955 年に Ford と Fulkerson によって初めて証明された．証明を 2 つ与える．最初のは最大フロー最小カット定理が本質的には Menger の定理と同値であることを示しているが，2 番目のは直接的証明である．

定理 29.1 (最大フロー最小カット定理) 任意のネットワークにおいて，最大フローの値は最小カットの容量に等しい．

[注意] フローの値に等しい容量をもつカットを見つければ，この定理から，そのフローは最大であり，そのカットは最小であることがわかる．これが一番簡単な応用の仕方である．辺の容量がすべて整数ならば，最大フローの値も整数であることに注意すれば，この重要な事実がネットワークのある種の応用では大変役に立つことがわかる．

[第1の証明] 弧の容量はすべて整数であると最初は仮定しておく．この場合，容量が弧の本数を表わしているとすれば，ネットワークは有向グラフ D と見なせる (図 28.3 と図 28.4 を見よ)．そのとき最大フローの値は D における v から w へ行く弧素な道の総数に対応し，最小カットの容量は D の vw-非連結化集合の弧の最小本数に等しい．よって，本定理は定理 28.5 から直ちに得られる．

すべての容量が有理数であるようなネットワークに一般化することは容易である．容量の分母の最小公倍数のような適当な整数 d を，すべての容量に乗じて，整数にするだけでよい．そうすれば上で述べた場合になり，得られた結果を d で割ればよい．

最後に容量のいくつかが無理数であるとする．このときの定理の証明には，これらの容量を有理数で近似して，上の結果を用いればよい．この近似によって，最大フローの値および最小カットの容量が変化するが，近似で用いる有理数を注意深く選べば，その変化量は必要なだけ小さくできる．この議論の詳細は演習として残しておく．実用的な例では，容量は一般に小数の形で与えられるので，このような無理数の容量が現われるのは稀である．□

[第2の証明] 最大フローの値は最小カットの容量を越えないので，ある与えられた最大フローの値に等しい容量のカットが存在することを示せばよい．

φ は最大フローとする．ネットワークの点の集合 V と W を，以下のように定義する．ネットワークの有向グラフ D の基礎グラフを G とする．G に道 $v = v_0 \to v_1 \to v_2 \to \cdots \to v_{m-1} \to v_m = z$ があり，しかも各辺 $v_i v_{i+1}$ が非飽和の弧 $v_i v_{i+1}$ あるいは非零フローが流れている弧 $v_{i+1} v_i$ のいずれかに対応しているとき，かつそのときに限り点 z を集合 V に含める．V に含まれない残りの点が W である．例えば図 29.2 では，V は点 v, x, y からなり，W は点 z と w からなる．

v は明らかに V に含まれる．W には点 w が含まれることを示そう．そうでな

いとすると，w は V に入っているので，G には上述のような $v \to v_1 \to v_2 \to \cdots \to v_{m-1} \to w$ なる道が存在する．ここで，次の 2 つの条件を満足する正の数 ε を選ぶことができる．

(i) 道上の各非飽和の弧 a の余裕 (すなわち $\Psi(a) - \varphi(a)$) 以下である．
(ii) 逆向きの弧のフロー以下である．

非飽和の弧のフローを ε だけ増加させ，逆向きの弧のフローを ε だけ減少させると，フローの値が φ より ε だけ増加することがわかる．しかし φ は最大フローとしているので，これは矛盾である．よって w は W に含まれている．

次のように証明は完結する．V の点 x と W の点 z により，xz の形をした弧すべてからなる集合を E とする．明らかに E はカットである．さらに容易にわかるように，E の弧 xz が飽和していないとすると，z も V の点のはずであるので，E の弧 xz はすべて飽和している．同様にして，zx の形をした弧にはフローが流れていないことがわかる．これらのことから，E の容量は φ の値に等しいことがわかり，したがって E が求める最小カットである．□

ネットワークがかなり簡単であれば，与えられたフローが最大かどうか確かめるのに，最大フロー最小カット定理が役に立つ．むろん，実用上扱われるネットワークは大きく複雑であるので，目の子で最大フローを見つけることは一般には困難である．最大フローを見つける方法の多くは，v から w への**フロー増加道** (flow-augmenting path) を用いる．フロー増加道とは，道の各弧 xz が非飽和であるか，あるいは zx に非零フローが流れているような道である．例として図 29.4 のネットワークを考えよう．

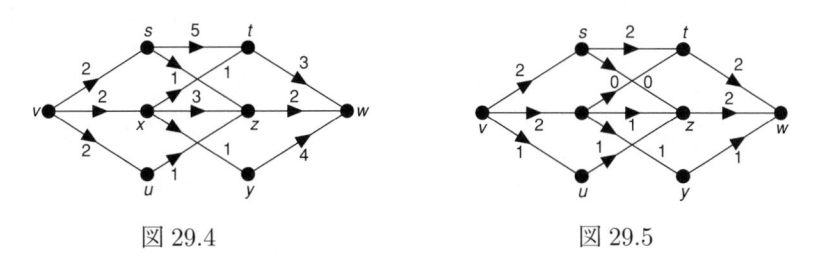

図 29.4　　　　　　　図 29.5

零フローから始めると 3 本のフロー増加道をつくることができ，フロー増加

道 $v \to s \to t \to w$ では，この増加道に沿ってフローの値を 2 だけ増加させることができ，フロー増加道 $v \to x \to z \to w$ でもこの増加道に沿って 2 だけ増加させることができ，$v \to u \to z \to x \to y \to w$ では 1 だけ増加させることができる．このようにして得られた値が 5 のフローを図 29.5 に示す．

このネットワークのカット容量は 5 であるので，上述のフローは最大であり，このカットは最小である．

本節では，フロー理論という広く重要な分野の概要だけを述べたので，さらに深く知りたい読者は Lawler[17] を参照されたい．

演 習 29

29.1[s] 図 29.6 のネットワークを考えよう．
　　　　(i) このネットワークのカットをすべて列挙して，最小カットを見つけよ．
　　　　(ii) 最大フローを見つけて，最大フロー最小カット定理を確かめよ．

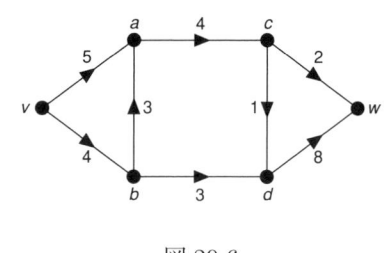

図 29.6

29.2 　図 29.7 のネットワークに対して，演習 29.1 と同じことを繰り返せ．

29.3[s] 　図 22.8 のネットワークに対して，最大フロー最小カット定理を確かめよ．

29.4 　図 29.8 のネットワークに対して，値が 20 のフローを見つけよ．

29.5[s] 　(i) 入口および出口がいくつかあるネットワークの解析をしたい．新しい 1 つの「入口」および新しい 1 つの「出口」を付加して，普通の場合に帰着させるにはどうしたらよいか示せ．
　　　　(ii) 図 29.9 のネットワークに対して，上の (i) の解答を例証せよ．

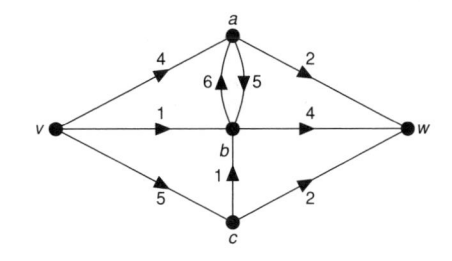

図 29.7

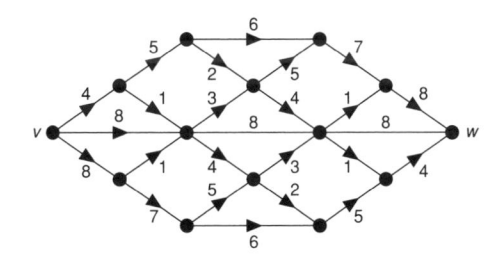

図 29.8

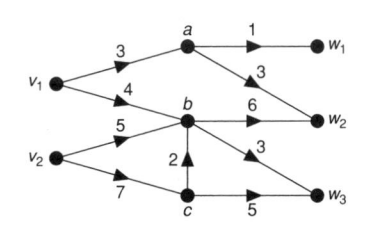

図 29.9

29.6 　(i) 次の (a) と (b) のネットワークを，普通の場合に帰着させるにはどうすればよいか．

(a) いくつかの弧が辺で置き換えられている場合．ただし，その辺にはフローはどちら向きに流れてもよいとする．

(b) いくつかの点に「容量」が与えられて，それらの点を通過できるフローの最大値が決まっている．

(ii) 図 29.10 のネットワークに関して，上の (i) の解答を例証せよ．

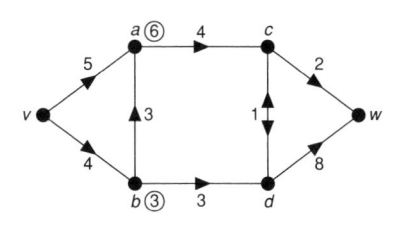

図 29.10

29.7* 最大フロー最小カット定理を用いて，次の定理を証明するにはどうしたらよいか．
  (i) Hall の定理
  (ii) 共通横断に関する定理 27.3

第9章 マトロイド理論

本章では，グラフ理論に関するある種の結果と横断理論の結果との間に，意外なほど類似性があることについて検討しよう．演習 9.11 と 26.8, 演習 9.12 と 26.9 などがその例である．この類似性について調べるには，マトロイドの考えを導入する方が便利である．マトロイドは，1935 年に Hassler Whitney によって最初に研究された．後で示すが，マトロイドとは本質的には，「独立構造」をもった集合のことであり，その独立の意味は (演習 5.13 で定義したような) グラフでの独立性ばかりでなく，ベクトル空間での一次独立性をも一般化している．横断理論との結びつきは演習 26.8 に与えてある．

§32 では，マトロイドにおける双対性を定義して，グラフの閉路とカットセットの性質の間の類似性を双対性からどう説明できるかを示す．そうすると，(§15 で述べた) グラフの抽象双対というやや非直感的な定義がマトロイドの双対性から自然に出てくるものであることがわかる．最後の節では，マトロイドを用いて横断理論の定理に「容易な」証明を与え，またグラフ理論における 2 つの深遠な定理に，マトロイド的証明を与えて締めくくることにする．本章では，証明を与えないで結果だけを述べることもある．省略された証明は Oxley[34] または Welsh[37] を参照されたい．

§30 マトロイドへのいざない

§9 の定義では，連結グラフ G の全域木とは G の連結部分グラフで閉路を含まず，G の全点を含むものとした．明らかに，全域木は他の全域木を真部分グラフとして含むことはできない．また次のことも示せる (演習 9.11 を見よ)：B_1 と B_2 が G の全域木であり，e が B_1 の任意の辺ならば，B_2 の辺 f で $(B_1 - \{e\}) \cup \{f\}$ (す

なわち B_1 の e を f で入れかえて得られるグラフ) も G の全域木になるような f を見つけることができる．

同様な結果がベクトル空間や横断理論でも成立する．V がベクトル空間で，B_1 と B_2 が V の基ならば，B_1 の任意の元 e に対して，$(B_1 - \{e\}) \cup \{f\}$ が V の基であるような B_2 の元 f が存在する．これに対応する横断理論の結果は演習 26.8 に出ている．

これらの例を手がかりにして，マトロイドの第1の定義を与えることができる．**マトロイド** (matroid) M とは E と $\mathcal{B}$ からなる．ただし，E は空でない有限集合であり，$\mathcal{B}$ は (**基** (base) と呼ばれる)E の部分集合の空でない集合であり，次の性質を満足する．

$\mathcal{B}$(i)　基に他の基が真に含まれることはない．

$\mathcal{B}$(ii)　B_1 と B_2 が基であり，e が B_1 の任意の元ならば，B_2 の元 f で $(B_1 - \{e\}) \cup \{f\}$ が基であるような f が存在する．

マトロイド M のどの基にも同じ個数の元が含まれている．これは性質 $\mathcal{B}$(ii) を繰り返し用いて直ちに示せるので，演習 30.5 に残しておく．この個数は M の**階数** (rank) と呼ばれる．

上で示唆したように，任意のグラフ G に1つのマトロイドをごく自然に対応させることができる．G の辺の集合を E とし，G の全域林に含まれる辺の集合を基とすればよい．このマトロイドは G の**閉路マトロイド** (cycle matroid) と呼ばれるが，その理由は後で述べる．またこれを $M(G)$ と表わす．同様にして，ベクトル空間 V のベクトルの有限集合を E としたとき，E 上のマトロイドを定義できる．E と同じ部分空間を張る E の一次独立な部分集合のすべてを基とすればよい．このようにして得られるマトロイドは**ベクトルマトロイド** (vector matroid) と呼ばれる．後でこのようなマトロイドをより詳しく考えよう．

E の部分集合が**独立** (independent) であるといわれるのは，それがマトロイド M のある基に含まれているときである．ベクトルマトロイドの場合には，E の部分集合が独立であるための必要十分条件は，ベクトル空間のベクトルの意味でその部分集合の元が一次独立であることである．グラフ G の閉路マトロイド $M(G)$ の場合には，グラフ G の辺の集合で，閉路を含まないもの，すなわち G の林の辺集合が $M(G)$ の独立集合である．

M の基はまさに極大独立集合である．すなわち，それを真に含む独立集合はないような独立集合である．よって，任意のマトロイドは，その独立集合によって一意に定まる．

マトロイドは，その独立集合を列挙することにより完全に記述できるので，独立集合を用いてマトロイドを簡単に定義できないかと思うであろう．次にこのような定義を与えよう．興味をもたれた読者は，次の定義と上の定義が同値であることの証明を Welsh[37] で読まれたい．

マトロイド M は E と $\mathcal{I}$ からなる．ただし E は空でない有限集合であり，$\mathcal{I}$ は (**独立集合** (independent set) と呼ばれる)E の部分集合の空でない集合であり，次の性質を満足する．

$\mathcal{I}$(i) 　独立集合の任意の部分集合は独立である．

$\mathcal{I}$(ii) 　独立集合 I と J が $|J| > |I|$ ならば，J には含まれるが I には含まれない元 e で，$I \cup \{e\}$ が独立であるような e が存在する．

この定義では極大独立集合を**基** (base) と定義する．任意の独立集合は基に拡張できる．これは性質 $\mathcal{I}$(ii) を繰り返し用いて示すことができる．

マトロイド $M = (E, \mathcal{I})$ は独立集合で定義されているとする．E の部分集合が独立でないとき，その部分集合は**従属** (dependent) であるという．極小従属集合は**閉路** (cycle) と呼ばれる．$M(G)$ がグラフ G の閉路マトロイドならば，$M(G)$ の閉路はまさに G の閉路である．E の部分集合が独立であるための必要十分条件は，閉路を含まないことである．したがって，明らかにマトロイドは閉路で定義できる．演習 5.11 の結果をマトロイドに一般化するような定義が演習 30.7 に与えられている．

マトロイドの例をいくつか与える前に，マトロイドのもう 1 つ別な定義を与えておこう．**階数関数** (rank function) r を用いる下の定義は，Whitney による先駆的論文の中に与えられているものと本質的に同じである．

マトロイド $M = (E, \mathcal{I})$ は独立集合で定義されているとする．A が E の部分集合であるとき，A に含まれる最大の独立集合の大きさを A の**階数** (rank) と呼び，$r(A)$ と書く．前に定義した M の階数は $r(E)$ に等しい．

E の部分集合 A が独立であるための必要十分条件は $r(A) = |A|$ であるので，マトロイドは階数関数で次のように定義できる．

> **定理 30.1** マトロイドは対 (E,r) として定義できる．ただし E は空でない有限集合であり，r は E の部分集合の集合上に定義された整数値関数であり，次の 3 つを満足する．
>
> $\mathcal{R}$(i)　　$0 \leq r(A) \leq |A|$ が E のすべての部分集合 A について成立する．
>
> $\mathcal{R}$(ii)　　$A \subseteq B \subseteq E$ ならば，$r(A) \leq r(B)$ である．
>
> $\mathcal{R}$(iii)　　任意の $A, B \subseteq E$ に対して $r(A \cup B) + r(A \cap B) \leq r(A) + r(B)$ である．

[注意]　これは演習 9.12 と 26.9 の結果のマトロイドへの拡張である．

[証明]　マトロイド $M = (E, \mathcal{I})$ は独立集合で定義されているとする．性質 $\mathcal{R}$(i)–$\mathcal{R}$(iii) を証明したい．$\mathcal{R}$(i) および $\mathcal{R}$(ii) は自明であるので，$\mathcal{R}$(iii) を証明する．$A \cap B$ の基 (すなわち極大独立部分集合) を X とする．X は A の独立部分集合であるので，X は A の基 Y に拡張できる．同様に，Y は $A \cup B$ の基 Z に拡張できる．$X \cup (Z - Y)$ は明らかに B の独立部分集合であるので，次の式がいえる．

$$\begin{aligned} r(B) &\geq r(X \cup (Z - Y)) \\ &= |X| + |Z| - |Y| \\ &= r(A \cap B) + r(A \cup B) - r(A) \end{aligned}$$

逆にマトロイド $M = (E, r)$ は階数関数 r で定義されているとする．E の部分集合 A が $r(A) = |A|$ のとき A は独立であると定義する．このとき性質 $\mathcal{I}$(i) は直ちに証明できる．$\mathcal{I}$(ii) を証明するために，I と J は独立集合であり，$|J| > |I|$ として，J に入っているが I に入っていない元 e それぞれに対して，$r(I \cup \{e\}) = r(I) = k$ であったと仮定する．e と f がこのような元であるとき，

$$r(I \cup \{e\} \cup \{f\}) \leq r(I \cup \{e\}) + r(I \cup \{f\}) - r(I) = k$$

であるので，$r(I \cup \{e\} \cup \{f\}) = k$ である．この手続きを続けて，J の新しい元を 1 つずつつけ加えていけば，どの段階でも階級は k であるので，$r(I \cup J) = k$

である．よって，$\mathcal{R}$(ii) によって $r(J) \leq k$ であることになるが，これは矛盾である．したがって，$r(I \cup \{f\}) = k+1$ になるような，J に入っているが I に入っていない元 f が存在する．□

本節を終える前に簡単な定義を 2 つしておく．マトロイドの**ループ** (loop) とは，$r(\{e\}) = 0$ なる E の元 e のことである．E の 2 つの元 e と f がどちらもループでなく $r(\{e,f\}) = 1$ であるとき，対 $\{e,f\}$ は M の**並列元** (parallel elements) 対という．M がグラフ G の閉路マトロイドであるとき，M のループと並列元はそれぞれ G のループと多重辺に対応する．

演 習 30

30.1^s　$E = \{a,b,c,d,e\}$ とする．次のような E 上のマトロイドを求めよ．
 (i) E だけが基である．
 (ii) 空集合だけが基である．
(iii) 3 つの元を含む E の部分集合のすべてが基である．

上のマトロイドに対して，その独立集合のすべて，閉路のすべて，および階数関数を書きくだせ．
(この質問の解答は次節で与える．)

30.2^s　図 30.1 に示すグラフを G_1, G_2 とする．閉路マトロイド $M(G_1)$ と $M(G_2)$ の基，閉路および独立集合を書きくだせ．

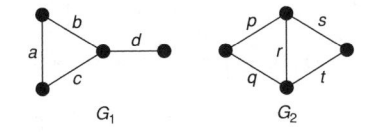

図 30.1

30.3　集合 $E = \{a,b,c,d\}$ のマトロイド M の基は，$\{a,b\}, \{a,c\}, \{a,d\}, \{b,c\}, \{b,d\}, \{c,d\}$ であるとする．M の閉路を書きくだして，M を閉路マトロイドとしてもつグラフ G は存在しないことを示せ．

30.4^s　$E = \{1,2,3,4,5,6\}, \mathcal{F} = \{S_1, S_2, S_3, S_4, S_5\}$ とする．ここで $S_1 = S_2 = \{1,2\}, S_3 = S_4 = \{2,3\}, S_5 = \{1,4,5,6\}$ とする．

(i) $\mathcal{F}$ の部分横断をすべて書きくだして，それらは E 上のマトロイドの独立集合を形成することを確かめよ．

(ii) このマトロイドの基と閉路をすべて書きくだせ．

30.5　性質 $\mathcal{B}$(i) および $\mathcal{B}$(ii) を用いて次の (i) と (ii) を証明せよ．

(i) 集合 E 上のマトロイドの基に含まれる元の個数は同じである．

(ii) $A \subseteq E$ ならば，A の極大な独立部分集合に含まれる元の個数は同じである．

30.6　グラフの基本閉路系の定義をマトロイドに一般化するにはどうしたらよいか．

30.7*　マトロイド M は E と $\mathcal{C}$ からなるものと定義できることを示せ．ここで E は空でない有限集合であり，$\mathcal{C}$ は (**閉路** (cycle) と呼ばれる)E の空でない部分集合の集合であり，次の性質を満足する．

$\mathcal{C}$(i)　　閉路に真に含まれる閉路はない．

$\mathcal{C}$(ii)　　C_1 と C_2 が異なる閉路であり，元 e は両方に含まれているときに，$C_1 \cup C_2$ に e を含まない閉路が存在する．

30.8^s　(i) グラフのカットも上の $\mathcal{C}$(i) と $\mathcal{C}$(ii) の条件を満足する．このことを演習 5.11 を用いて示せ．

(ii) 図 30.1 のグラフに対応するマトロイドの基をすべて書きくだせ．

30.9*　欲ばりアルゴリズム (定理 11.1) のマトロイド版を述べて証明せよ．

§31　マトロイドの例

本節では，何種類かの重要なマトロイドについて調べてみよう．

自明マトロイド

空でない有限集合 E に対して，空集合 $\emptyset$ だけが独立集合であるような E 上のマトロイドが定義できる．このマトロイドは E 上の**自明マトロイド** (trivial matroid) と呼ばれる．明らかにその階数は 0 である．

離散マトロイド

逆に，E 上の**離散マトロイド** (discrete matroid) では，E 上のすべての部分集合が独立である．E 上の離散マトロイドには基が 1 つしかなく，それは E 自身である．また任意の部分集合 A の階数は，単に A の元の個数である．

一様マトロイド

上の 2 つの例はどちらも，E 上の **k-一様マトロイド** (k-uniform matroid) の特別な場合である．ちょうど k 個の元を含む E の部分集合のすべてが基である．独立集合は E の k 個以下の元を含む部分集合であり，任意の部分集合 A の階級は $|A|$ または k のどちらか小さい方に等しい．E 上の自明マトロイドは 0-一様であり，離散マトロイドは $|E|$-一様である．

前節で述べた例を発展させる前に，マトロイド間の同形写像を定式化しておこう．2 つのマトロイド M_1 と M_2 が**同形** (isomorphic) であるといわれるのは，E_1 と E_2 の間に独立性を保存する一対一対応が存在するときである．独立性を保存するというのは，E_1 の部分集合が M_1 で独立であるときかつそのときに限り，対応する E_2 の部分集合が M_2 で独立であるということである．例をあげると，図 31.1 の 3 つのグラフの閉路マトロイドはすべて同形である．強調しておくが，マトロイド同形写像はグラフの閉路，カットセットおよび辺数を保存するが，連結性，点数，点の次数を一般には保存しない．

上の同形写像の定義から，グラフ的マトロイド，横断マトロイド，および表現可能マトロイドが以下のように定義できる．

グラフ的マトロイド

前節で述べたように，グラフ G の辺集合の上のマトロイド $M(G)$ を定義するには，G の閉路をマトロイドの閉路と見なせばよい．このとき $M(G)$ は G の**閉路マトロイド** (cycle matroid) と呼ばれ，その階数関数は単にカットセット階

図 31.1

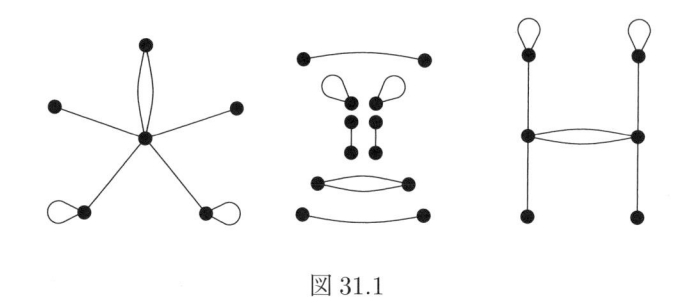

数 ξ のことである (演習 9.12 を見よ). ある与えられたマトロイド M が何らかのグラフの閉路マトロイドになっているだろうか，言い換えれば，M が $M(G)$ に同形であるよなグラフ G が存在するであろうか．このようなマトロイド M は**グラフ的マトロイド** (graphic matroid) と呼ばれ，その特徴づけは次節で与えられる．グラフ的マトロイドの一例をあげてみよう．集合 $\{1,2,3\}$ 上のマトロイドで，その基が $\{1,2\}, \{1,3\}$ であるものを考えてみよう．明らかに M は，図 31.2 に示したグラフの閉路マトロイドに同形である．しかしながら，グラフ的でないマトロイドが存在することも確かである．簡単な例は 4 元からなる集合上の 2-一様マトロイドである．(すでに演習 30.3 で問題にしてある.)

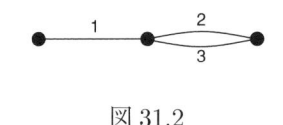

図 31.2

コグラフ的マトロイド

グラフ G があるとき，G の辺集合上に定義されるマトロイドは閉路マトロイド $M(G)$ だけではない．グラフの閉路とカットセットの性質の類似性から見て，G のカットセットをマトロイドの閉路と見なせば，あるマトロイドがつくれるのではないかと期待するだろう．演習 30.8 で示したように，この方法で実際にマトロイドが定義できる．それを G の**カットセットマトロイド** (cutset matroid) と呼び，$M^*(G)$ と書く．したがって，G の辺の集合が独立であるための必要十

分条件は，その集合に G のカットセットが含まれないことである．マトロイド M が**コグラフ的** (cographic) と呼ばれるのは，M が $M^*(G)$ に同形であるようなグラフ G が存在するときである．名前「コグラフ的」の由来は次節で述べる．

平面的マトロイド

グラフ的かつコグラフ的マトロイドは**平面的マトロイド** (planar matroid) と呼ばれる．平面的マトロイドと平面的グラフの間の関係は次節で述べる．

表現可能マトロイド

マトロイドの定義には，ベクトル空間の一次独立の考えが一部背景になっているので，ある与えられた体上のベクトル空間を考えて，そのベクトルの集合に関連して派生するベクトルマトロイドを調べてみるのもおもしろいだろう．より正確には，集合 E 上のマトロイド M が**体 F 上で表現可能** (representable over a field F) であるというのは，F 上のベクトル空間 V，および E から V への一対一写像 φ が存在し，しかも E の部分集合 A が M で独立である必要十分条件は，$\varphi(A)$ が V において一次独立であるという性質を満たしているときである．要するに，ループと並列元を無視すれば，M は体 F 上のあるベクトル空間において定義されたベクトルマトロイドに同形であるということである．体 F 上で，M が表現可能となるような何らかの体 F が存在するならば，M は**表現可能** (representable) であると呼ぶことにする．

いくつかのマトロイドは，あらゆる体の上で表現可能であることがわかる．(これがいわゆる**正則マトロイド** (regular matroid) である.) また体で表現できないものや，ある限られた体でしか表現できないものなどがある．特に重要なのは，mod 2 の整数体上で表現可能なマトロイドであり，これらは**二値マトロイド** (binary matroid) と呼ばれる．例えば，グラフ G の閉路マトロイド $M(G)$ は，二値マトロイドであることを示すのは難しくない．G の各辺に G の接続行列の対応する行を関連させて，ベクトルと見なせばよい．そのベクトルの各成分は 0 または 1 である．G の辺のある集合が閉路をなすとき，対応するベクトルの (mod 2 の) 和は 0 である．

グラフ的でも，コグラフ的でもない二値マトロイドの例は Fano マトロイドであり，これは本節の最後に述べる．

横断マトロイド

次の例はマトロイド理論と横断理論が結びつけている．演習 26.8, 26.9 および 30.4 をもう一度見ればわかるように，E が空でない有限集合で，$\mathcal{F} = (S_1, \cdots, S_m)$ が E の空でない部分集合の族ならば，$\mathcal{F}$ の部分横断のすべてを E 上のマトロイドの独立集合と見なせる．このように(E と $\mathcal{F}$ を適当に選んで)得られるマトロイドは**横断マトロイド** (transversal matroid) と呼ばれ，$M(S_1, \cdots, S_m)$ と書く．例えば，前に述べたグラフ的マトロイド M は集合 $\{1, 2, 3\}$ 上の横断マトロイドである．なぜならば，その独立集合は族 $\mathcal{F} = (S_1, S_2)$ の部分横断であるからである．ここで $S_1 = \{1\}, S_2 = \{2, 3\}$ である．E の部分集合 A の階数は A に含まれている最大部分横断の大きさであることに留意しよう．横断マトロイドでない例を演習 31.5 に与える．

すべての横断マトロイドはある体上で表現可能であり，それが二値マトロイドであるための必要十分条件はグラフ的であることである．横断マトロイドについては，§33 でさらに詳しく述べる．

制約と縮約

グラフ理論では，グラフの性質を調べるにあたって，その部分グラフあるいは何本かの辺を縮約して得られるグラフを考察した．マトロイド理論においても，これに対応する定義をしておくと都合がよい．

M は集合 E 上で定義されたマトロイドで，A が E の部分集合ならば，A への M の**制約** (restriction) は $M \times A$ と書かれ，それは A に含まれる M の閉路だけを閉路としてもつマトロイドのことである．同様にして，A への M の**縮約** (contraction) は $M \cdot A$ と書かれ，それは集合 $\{C_i \cap A\}$ の極小な要素だけをとってきて閉路としたマトロイドのことである．ここで C_i は M のすべての閉路にわたるものとする．(より簡単な定義を演習 32.7 に与える．) これらが本当にマトロイドであり，グラフの辺を除去したり縮約することに対応することは読者自身が証明せよ．M から制約および縮約を繰り返して得られるマトロイドは，M の**マイナ** (minor) と呼ばれる．

二部およびオイラー・マトロイド

二部マトロイド，およびオイラー・マトロイドをどう定義したらよいかを示そ

う．二部グラフおよびオイラー・グラフの通常の定義は §3 と §6 に与えておいたが，これらの定義はマトロイドに一般化するのは不適当である．二部グラフの場合には，演習 5.3 を手掛かりにして次のように定義する．あらゆる閉路に偶数個の元が含まれているようなマトロイドを**二部マトロイド** (bipartite matroid) ということにする．オイラー・グラフに対しては系 6.3 を用いて，集合 E が素な閉路の和集合として表現できるとき，その E 上のマトロイドを**オイラー・マトロイド** (Eulerian matroid) と呼ぶことにする．次節で示すように，オイラー・マトロイドと二部マトロイドは (後で正確に述べるが，ある意味において) 双対な概念である．これは演習 15.9 から予想されるであろう．

Fano マトロイド

Fano マトロイド F とは，集合 $E = \{1,2,3,4,5,6,7\}$ 上で定義されており，$\{1,2,4\}, \{2,3,5\}, \{3,4,6\}, \{4,5,7\}, \{5,6,1\}, \{6,7,2\}, \{7,1,3\}$ 以外の，3 元からなる E の部分集合のすべてが基であるようなマトロイドである．このマトロイドは幾何学的には図 31.3 で表現される．1 つの線上にない 3 元の集合のすべてが基である．F は二値，オイラー・マトロイドであるが，グラフ的，コグラフ的，横断，正則のいずれでもない．

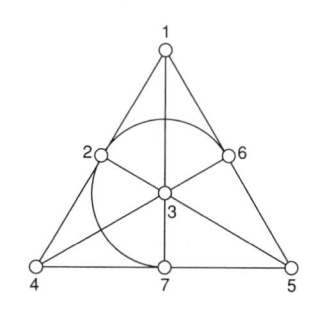

図 31.3

演習 31

31.1^s　$E = \{a,b\}$ とする．E 上のマトロイドは，同形の範囲で 4 つあること

を示し，それらの基，独立集合，閉路を列挙せよ．

31.2　$E = \{a, b, c\}$ とする．E 上のマトロイドは，同形の範囲で 8 つあることを示し，それらの基，独立集合，閉路を列挙せよ．

31.3*　集合 E には元が n 個あるとする．同形の範囲で次のことを示せ．
　(i) E 上のマトロイドの個数は高々 2^{2^n} である．
　(ii) E 上の横断マトロイドの個数は高々 2^{n^2} である．

31.4^s　G_1 と G_2 は図 30.1 のグラフとする．
　(i) $M(G_1)$ と $M(G_2)$ は横断マトロイドか．
　(ii) $M^*(G_1)$ と $M^*(G_2)$ は横断マトロイドか．

31.5　$M(K_4)$ は横断マトロイドでないことを示せ．

31.6^s　一様マトロイドは横断マトロイドであることを示せ．

31.7　グラフ的マトロイド $M(K_5)$ と $M(K_{3,3})$ はコグラフ的ではないことを示せ．

31.8^s　Fano マトロイドの閉路を書け．

31.9　M は集合 E 上のマトロイドとして，$A \subseteq B \subseteq E$ とする．次の (i), (ii) を証明せよ．
　(i) $(M \times B) \times A = M \times A$
　(ii) $(M \cdot B) \cdot A = M \cdot A$

31.10*　証明せよ: M が次の性質を満足するならば，M の任意のマイナも満足する．
　(i) グラフ的　(ii) コグラフ的　(iii) 二値　(iv) 正則

§32　マトロイドとグラフ

ここではマトロイドの双対性を調べてみよう．この観点からながめれば，本書の前半で述べた結果のいくつかは，ごくごく自然なものに見えてくることを

示そう．例えば，平面的グラフの抽象双対のやや作為的に見える定義 (§15 を見よ) も，対応するマトロイドの双対の定義からだと直ちに得られることがわかる．マトロイド理論の種々の概念は，グラフ理論の概念を一般化するばかりでなく，しばしば単純化している．このことを強調しておく．

次のことを思い出しておこう．マトロイド $M^*(G)$ は，グラフ G のカットセットを (マトロイドの) 閉路と見なして得られる．定理 15.3 の観点から見れば，G の閉路マトロイドの双対がこのマトロイドになるように，マトロイドの双対を定義するのが賢明であるように思われる．

そのためには次のようにすればよい．M が階数関数で定義されたマトロイドならば，M の**双対マトロイド** (dual matroid) M^* は E 上のマトロイドで，その階数関数 r^* が次式で与えられるものと定義する．

$$A \subseteq E \text{ に対して，} \quad r^*(A) = |A| + r(E - A) - r(E)$$

まず，r^* が E 上のマトロイドの階数関数になっていることを確かめなければならない．

定理 32.1 $M^* = (E, r^*)$ は E 上のマトロイドである．

[証明] §30 の性質 $\mathcal{R}$(i) と $\mathcal{R}$(iii) を関数 r^* について確かめよう．同様にすれば，$\mathcal{R}$(ii) は容易に証明できるので，演習として残しておく (演習 32.3 を見よ)．

$\mathcal{R}$(i) を証明しよう．$r(E - A) \leq r(E)$ であるので $r^*(A) \leq |A|$ である．また関数 r に $\mathcal{R}$(iii) を適用すると，

$$r(E) + r(\emptyset) \leq r(A) + r(E - A)$$

が得られる．したがって

$$r(E) - r(E - A) \leq r(A) \leq |A|$$

である．これから直ちに $r^*(A) \geq 0$ がいえる．

次に $\mathcal{R}$(iii) を証明する．任意の $A, B \subseteq E$ に対して次式が成立する．

$$r^*(A \cup B) + r^*(A \cap B) = |A \cup B| + |A \cap B| + r(E - (A \cup B))$$

$$
\begin{aligned}
&\quad + r(E - (A \cap B)) - 2r(E) \\
&= |A| + |B| + r((E - A) \cap (E - B)) \\
&\quad + r((E - A) \cup (E - B)) - 2r(E) \\
&\leq |A| + |B| + r(E - A) + r(E - B)) - 2r(E) \\
&\qquad\qquad\qquad (r \text{ に } \mathcal{R}\text{(iii) を適用した}) \\
&= r^*(A) + r^*(B) \quad \square
\end{aligned}
$$

上の定義は少し複雑に見えるが，実は次に示すように，M^* の基が M の基でもって非常に簡単に表現できる．

定理 32.2 M^* の基は M の基の補集合である．

[注意] この結果が M^* を定義するのによく用いられる．

[証明] B^* が M^* の基ならば，$E - B^*$ は M の基であることを示す．逆の結果は議論を単に反転させればよい．B^* は M^* において独立であるので，$|B^*| = r^*(B^*)$ である．したがって，$r(E - B^*) = r(E)$ である．こうして，$E - B^*$ が M において独立であることを証明すればよいが，これは $r^*(B^*) = r^*(E)$ および r^* に関する上の式から直ちにわかる．$\square$

上の定義からすぐわかるように，平面的グラフの双対性とは異なって，あらゆるマトロイドに双対があり，しかも一意に定まる．また定理 32.2 から二重双対 M^{**} は M に等しいことがわかる．この全く自明な結果も実は，定理 15.2 と 15.5 の (自明でない) 結果のマトロイドへの自然な一般化になっていることを後で示す．

次に，グラフ G のカットセットマトロイド $M^*(G)$ は閉路マトロイド $M(G)$ の双対であることを示そう．

定理 32.3 G がグラフならば，$M^*(G) = (M(G))^*$ である．

[証明] $M^*(G)$ の閉路は G のカットセットであるので，C^* が $(M(G))^*$ の閉路であるための必要十分条件は，C^* が G のカットセットであることを確かめねばならない．

まず C^* は G のカットセットとする．C^* が $(M(G))^*$ において独立ならば，C^* は $(M(G))^*$ の基 B^* に拡張できる．よって $C^* \cap (E - B^*)$ は空である．しかしこれは定理 9.3(i) の結果に反する．なぜならば，$E - B^*$ は G の全域林であるからである．このようにして C^* は $(M(G))^*$ において従属であり，$(M(G))^*$ の閉路を含む．

反対に D^* が $(M(G))^*$ の閉路ならば，D^* は $(M(G))^*$ のどの基にも含まれない．よって D^* は $M(G)$ のすべての基，すなわち G のあらゆる全域林と素ではない．よって，演習 9.10(i) の結果から，D^* はカットセットを含む．□

次に進む前に，さらにいくつかの用語を導入しておくと便利である．マトロイド M の元の集合が M^* で閉路を形成するとき，その集合は M の**補閉路** (cocycle) を形成するという．定理 32.3 の観点から見れば，グラフ G の閉路マトロイドの補閉路がまさに G のカットセットである．同様に，M の**補基** (cobase) は M^* の基と定義できるし，**補階数** (corank)，**補独立集合** (co-independent set) などについても同様である．マトロイド M の双対 M^* がグラフ的であるとき，M は**コグラフ的** (cographic) であるという．定理 32.3 を見ればわかるように，この定義は前節で与えたものと一致する．この「補」記号を導入した理由は，M^* をもちださないで 1 つのマトロイド M ですませるためである．この例として定理 9.3 のマトロイド版を証明しよう．

定理 32.4 マトロイドのあらゆる補閉路はあらゆる基と素でない．

[証明] C^* はマトロイド M の補閉路として，$C^* \cap B = \emptyset$ なる M の基 B が存在したとする．このとき C^* は $E - B$ に含まれているので，C^* は M^* の閉路であり，M^* の基に含まれている．これは矛盾である．□

系 32.5 マトロイドのあらゆる閉路はあらゆる補基と素でない．

[証明] 定理 32.4 の結果をマトロイド M^* に適用せよ． □

マトロイドの観点から見れば，定理 9.3 の中の 2 つの結果は単一の結果の双対形であることがわかる．よって，(§9 のように) グラフ理論における 2 つの結果を証明するかわりに，マトロイド理論における 1 つの結果を証明し，双対性を用いればよい．こうすると手間暇が省けるだけでなく，本書の前半に出てきたいくつかの問題に対する深い洞察が得られる．一例が，何度も述べてきた閉路とカットセットの性質の類似性である．別の例は，平面的グラフの双対性についてより深く理解できる事実である．

マトロイド理論によって単純になる他の例として，演習 5.11 をもう一度ふり返ってみる．演習 5.11 を直接的に証明するには，閉路に関する証明とカットセットに関する証明の 2 通りの証明が必要である．しかし，演習 30.7 で述べるように閉路に関する証明のマトロイド版を証明すれば，マトロイド $M^*(G)$ にそれを適用するだけで，カットセットに関する対応する結果が直ちに得られる．逆に，双対性を用いて，カットセットに関する結果から閉路に関する結果を導くことができる．

次に平面的グラフに話題をかえて，グラフの幾何学的双対および抽象的双対の定義がマトロイドの双対性から自然に得られることを示そう．また，演習 15.11 で導入したグラフの Whitney 双対がマトロイドの双対性から生じることも示そう．演習 15.11 で与えた式は，本節の最初で与えた r^* の定義式の単なる言い換えにすぎない．

抽象的双対から始めよう．

定理 32.6 G^* がグラフ G の抽象的双対ならば，$M(G^*)$ は $(M(G))^*$ に同形である．

[証明] G^* は G の抽象的双対なので，G の辺と G^* の辺の間には一対一対応があり，しかも G の閉路は G^* のカットセットに対応し，逆も真である．これから直ちにわかるように，$M(G)$ の閉路は $M(G^*)$ の補閉路に対応し，したがって定理 32.3 により $M(G^*)$ は $M^*(G)$ に同形である． □

§32 マトロイドとグラフ 207

> **系 32.7** G^* が連結平面グラフ G の幾何学的双対ならば，$M(G^*)$ は $(M(G))^*$ に同形である．

[証明] この結果は，定理 32.6 と 15.3 から直ちに得られる．□

(前にも注意したが) 平面的グラフの双対は何種類かあるが，マトロイドの双対は 1 つしかない．平面グラフ G に同形でない 2 種類の双対があり得るが，それらの閉路マトロイドは同形である．

本節を終える前に「与えられたマトロイド M がグラフ的であるためにはどんな条件が必要か」という疑問に対する答を考えよう．必要条件を見つけることは難しくない．例えば，表現可能マトロイドの議論 (§31) からわかるように，このようなマトロイドは二値でなければならない．さらに，演習 31.10 および Fano マトロイド F の議論から明らかなように，M はそのマイナとして $M^*(K_5), M^*(K_{3,3}), F, F^*$ を含むことはできない．これらの必要条件が実は十分条件でもあることが，Tutte による次の深遠な定理によって示された．この定理の証明は難しすぎるので，本書では与えない (Welsh[37] を見よ)．

> **定理 32.8** (Tutte 1958 年) マトロイド M がグラフ的であるための必要十分条件は，M が二値であり，$M^*(K_5), M^*(K_{3,3}), F$ および F^* に同形なマトロイドをマイナとして含まないことである．

定理 32.8 を M^* に適用し，かつ二値マトロイドの双対も二値であるという事実を用いれば，マトロイドがコグラフ的であるための必要十分条件が得られる．

> **系 32.9** マトロイド M がコグラフ的であるための必要十分条件は，M が二値であり，$M(K_5), M(K_{3,3}), F, F^*$ に同形なマトロイドをマイナとして含まないことである．

二値マトロイドが正則であるための必要十分条件は，F または F^* に同形なマイナを含まないことである．これも Tutte により証明された．この結果と，

定理 32.8 および系 32.9 をあわせれば，Kuratowski の定理 12.2 のマトロイド版が直ちに次のように得られる．

> **定理 32.10** マトロイドが平面的であるための必要十分条件は，それが正則であり，しかも $M(K_5), M(K_{3,3})$ およびそれらの双対に同形なマイナを含まないことである．

演 習 32

32.1^s (i) 離散マトロイドの双対は自明マトロイドであることを示せ．
(ii) n 個の元からなる集合上の k-一様マトロイドの双対は何か．

32.2 演習 31.2 で示したように，集合 $E = \{a, b, c\}$ 上のマトロイドは 8 個ある．それらの双対を求めよ．

32.3 関数 r^* が §30 の性質 $\mathcal{R}$(ii) を満足することを示せ．

32.4^s 定理 32.3 をグラフ K_3 について確かめよ．

32.5^s 次のマトロイドの補閉路と補基は何か．
(i) 9 個の元からなる集合上の 3-一様マトロイド
(ii) 図 30.1 のグラフの閉路マトロイド
(iii) 図 31.2 のグラフの閉路マトロイド
(iv) Fano マトロイド

32.6 横断マトロイドの双対は，必ずしも横断マトロイドではないことを例で示せ．

32.7 縮約マトロイド $M \cdot A$ の補閉路は A に含まれる M の補閉路であり，A に含まれる M の補閉路は $M \cdot A$ の補閉路であることを示せ．

32.8* C がマトロイドの任意の閉路であり，C^* が任意の補閉路ならば，$|C \cap C^*| \neq 1$ であることを示せ．

(これは演習 5.12 のマトロイドへの一般化である．)

32.9* M は集合 E 上の二値マトロイドとする.
   (i) M がオイラー・マトロイドならば, M^* は二部マトロイドであることを証明せよ.
   (ii) $|E|$ の帰納法により逆の結果を証明せよ.
   (iii) 11 個の元からなる集合の 5-一様マトロイドを考えて, 上の「二値」という制限は除けないことを示せ.

   (この演習は演習 15.9 を一般化している.)

§33 マトロイドと横断

前節で示したように, マトロイド理論とグラフ理論の結果の間には密接な関係があった. ここでは, マトロイド理論と横断理論の間の関係について述べよう. 横断理論に関して前に述べたいくつかの定理の証明は, マトロイド理論的観点に立てば, かなり簡単にできることを示すのが第 1 の目的である.

読者は次のことを思い出されたい. E が空でない有限集合で, $\mathcal{F} = (S_1, \cdots, S_m)$ が E の空でない部分集合の族ならば, $\mathcal{F}$ の部分横断を E 上のマトロイドの独立集合と見なせる. このマトロイドが $M(S_1, \cdots, S_m)$ であり, E の部分集合 A の階数は単に A に含まれる $\mathcal{F}$ の最大の部分横断の大きさに等しい.

横断理論にマトロイドを利用しようとする最初の例は, 次に示す演習 26.10 の結果の証明である: E の部分集合の族 $\mathcal{F}$ が, 与えられた部分集合 A を含む横断をもつための必要十分条件は, (i) $\mathcal{F}$ に横断があり, かつ, (ii) A が $\mathcal{F}$ の部分横断であることである. 明らかに (i) と (ii) のどちらも必要条件である. それらが十分条件であることを示そう. A は $\mathcal{F}$ の部分横断であるので, $\mathcal{F}$ で決まる横断マトロイド M において A は独立集合であり, A は M の基に拡張できることがわかる. $\mathcal{F}$ は横断をもつので, M の基はすべて $\mathcal{F}$ の横断である. これで証明が終了する. 演習 26.10 を解いてみた読者はわかったと思うが, 上の証明はきわめて簡単になっている.

Hall の定理のマトロイドへの自然な一般化を証明してから, マトロイド理論を用いて定理 27.3 の証明の簡単化を試みよう. 定理 27.3 は集合 E 上の 2 つの部分集合族の共通横断の存在性について述べている. $\mathcal{F}$ を E の部分集合の族として,

$\mathcal{F}$ が横断をもつための必要十分条件は Hall の定理が与えていることを思い起こそう. E 上にもマトロイド構造があるならば, **独立横断** (independent transversal), すなわち, そのマトロイドの独立集合でもあるような $\mathcal{F}$ の横断, が存在するための条件を問題にするのは自然である. **Rado の定理** (Rado's theorem) として知られている次の定理が, この問題に答えている.

定理 33.1 (Rado 1942 年)　M は集合 E 上のマトロイドとして, $\mathcal{F} = (S_1, \cdots, S_m)$ は E の空でない部分集合の族とする. このとき, $\mathcal{F}$ が独立横断をもつための必要十分条件は, $1 \leq k \leq m$ なる各 k に対して任意の k 個の部分集合 S_i の和集合に, 大きさ k 以上の独立集合が含まれることである.

[注意]　M が E 上の離散マトロイドならば, 定理 26.1 で述べたように, この定理は Hall の定理 に帰着する.

[証明]　定理 26.1 の証明を真似る. 前と同様に, 必要性は明らかであるので, 次のことを証明すれば十分である. 部分集合の 1 つ (例えば S_1) が 2 つ以上の元を含むならば, 条件を崩すことなく S_1 から 1 つの元を除去できる. この手続きを繰り返せば, 各部分集合には元が 1 つしか含まれなくなり, この場合の証明は自明である.

上の「帰着手続き」の正当性を示そう. S_1 には元 x と y が含まれていて, どちらを除去しても条件が崩れるとする. このとき, $\{2, 3, \cdots, m\}$ の部分集合 A と B で

$$r(P) \leq |A| \quad \text{かつ} \quad r(Q) \leq |B|$$

を満足するものが存在する. ただし

$$P = \bigcup_{j \in A} S_j \cup (S_1 - \{x\}) \quad \text{かつ} \quad Q = \bigcup_{j \in B} S_j \cup (S_1 - \{y\})$$

である. このとき

$$r(P \cup Q) = r(\bigcup_{j \in A \cup B} S_j \cup S_1) \quad \text{かつ} \quad r(P \cap Q) \geq r(\bigcup_{j \in A \cap B} S_j)$$

であるから，矛盾が次のように得られる．

$$
\begin{aligned}
|A|+|B| &\geq r(P)+r(Q) \\
&\geq r(P\cup Q)+r(P\cap Q) \\
&\geq \left|\bigcup_{j\in A\cup B} S_j \cup S_1\right| + \left|\bigcup_{j\in A\cap B} S_j\right| \\
&\geq (|A\cup B|+1)+|A\cap B| \quad \text{(Hallの条件による)} \\
&= |A|+|B|+1 \quad \square
\end{aligned}
$$

系 26.2 の証明を真似れば，直ちに次の結果が得られる．

系 33.2 上の記号を用いると，$\mathcal{F}$ が大きさ t の独立部分横断をもつための必要十分条件は，任意の k 個の部分集合 S_i の和集合が $k+t-m$ 以上の大きさの独立集合を含むことである．

定理 27.3 は，与えられた集合の 2 つの部分集合族に共通横断が存在するかどうかを述べている．このマトロイド理論的証明を与えよう．

定理 27.3 E は空でない有限集合として，$\mathcal{F}=(S_1,\cdots,S_m)$ および $\mathcal{G}=(T_1,\cdots,T_m)$ は E の空でない部分集合の族であるとする．$\mathcal{F}$ と $\mathcal{G}$ が共通横断をもつための必要十分条件は，$\{1,2,\cdots,m\}$ のすべての部分集合 A と B に対して次式が成立することである．

$$\left|\left(\bigcup_{j\in A} S_i\right)\cap\left(\bigcup_{j\in B} T_j\right)\right| \geq |A|+|B|-m$$

[証明] マトロイド M の独立集合は族 $\mathcal{F}$ の部分横断であるとする．このとき，$\mathcal{F}$ と $\mathcal{G}$ が共通横断をもつための必要十分条件は，$\mathcal{G}$ が独立横断をもつことである．定理 33.1 により，そのための必要十分条件は，集合 T_i の任意の k 個の和集合に大きさが k 以上の独立集合が含まれることである（ここで $1\leq k\leq m$ で

ある). すなわち集合 T_i の任意の k 個の和集合には，大きさ k の $\mathcal{F}$ の部分横断が含まれる．よって系 26.3 から直ちに証明が得られる．□

本節を閉じる前に，マトロイドの和に関する結果をいくつか述べよう．$M_1, M_2, \cdots, M_k$ が同じ集合 E 上のマトロイドのとき，それらの和 (union) と呼ばれる新しいマトロイド $M_1 \cup M_2 \cup \cdots \cup M_k$ が定義できる．ただし，M_1 の独立集合，M_2 の独立集合，$\cdots$，M_k の独立集合からとり得るすべての和集合がそのマトロイドの独立集合である．このマトロイドの階数は次の定理で与えられる．その証明は Welsh[37] で見られたい．

定理 33.3 $M_1, \cdots, M_k$ は集合 E 上のマトロイドであり，その階数関数が $r_1, \cdots, r_k$ であるとき，$M_1 \cup \cdots \cup M_k$ の階数関数 r は次式で与えられる．

$$r(X) = \min_{A \subseteq X} \{r_1(A) + \cdots + r_k(A) + |X - A|\}$$

この結果から，グラフ理論の奥深い結果が 2 つ得られる．それを次に示そう．

系 33.4 M をマトロイドとする．このとき M が k 個の互いに素な基をもつための必要十分条件は，E の各部分集合 A に対して

$$kr(A) + |E - A| \geq kr(E)$$

[証明] M が k 個の素な基をもつための必要十分条件は，マトロイド M の k 個のコピーの和の階数が $kr(E)$ 以上であることである．よって，定理 33.3 から直ちに証明が得られる．□

系 33.5 M はマトロイドとする．このとき E が k 個の独立集合の和として表現できる必要十分条件は，$kr(A) \geq |A|$ が E の各部分集合 A に対して成立することである．

[証明] この場合には，マトロイド M の k 個のコピーの和の階数は $|E|$ であ

る. したがって定理 33.3 から直ちにわかるように, $kr(A) + |E - A| \geq |E|$ である. □

これら 2 つの系を, グラフ G の閉路マトロイド $M(G)$ へ適用すれば, G に辺素な k 個の全域林が含まれるための必要十分条件, および G が k 個の林に分割できるための必要十分条件が直ちに得られる. これらの結果をより直接的な方法で得ることは容易でない. このようにして, グラフ理論の問題を解くのにマトロイド理論が強力であることが再び例証できた.

定理 33.6 グラフ G に k 個の辺素な全域林が含まれるための必要十分条件は, G の各部分グラフ H に対して

$$k(\xi(G) - \xi(H)) \leq m(G) - m(H)$$

が成立することである. ただし, $m(H)$ と $m(G)$ は H と G の辺の本数であり, $\xi(H)$ と $\xi(G)$ は H と G のカットセット階数である.

定理 33.7 グラフ G が k 個の林へ分割できるための必要十分条件は, G の各部分グラフ H に対して $k\xi(H) \geq m(H)$ が成立することである.

演 習 33

33.1^s M が Fano マトロイドであり, $\mathcal{F} = (\{1\}, \{1,2\}, \{2,4,5\})$ である場合に対して Rado の定理を確かめよ.

33.2 M が 8 個の元からなる集合上の 3-一様マトロイドである場合に対して, 系 33.4 を確かめよ.

33.3 M が 9 個の元からなる集合上の 4-一様マトロイドである場合に対して, 系 33.5 を確かめよ.

33.4*   Hall の定理の Halmos-Vaughan の証明 (§25) を修正して, 定理 33.1 の別証明を与えよ.

33.5^s M が横断マトロイドであるための必要十分条件は，M が階数 1 のマトロイドの和として表わせることである．このことを示せ．

33.6 定理 33.6 と 33.7 の結果を双対化して，グラフ理論の別な 2 つの結果を得よ．

演習問題の略解

第 1 章

1.1 (i) 点が 5 個, 辺が 8 本ある．点 P, T の次数は 3, 点 Q, S の次数は 4, 点 R の次数は 2 である．

(ii) 点が 6 個，辺が 5 本ある．点 A, B, E, F の次数は 1, 点 C, D の次数は 3 である．

1.3 (i) 炭素原子を表わす各点の次数は 4, 水素原子を表わす各点の次数は 1 である．

(ii) グラフを図 A1.3 に示す．

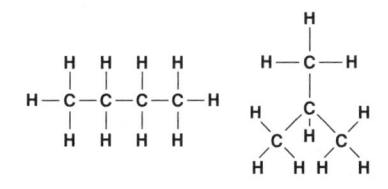

図 A1.3

1.6 答の有向グラフは図 A1.6 の通り．

第 2 章

2.1 $V(G) = \{u, v, w, x, y, z\}$, $E(G) = \{ux, uy, uz, vx, vy, vz, wx, wy, wz\}$
$V(G) = \{l, m, n, p, q, r\}$, $E(G) = \{lp, lq, lr, mp, mq, mr, np, nq, nr\}$

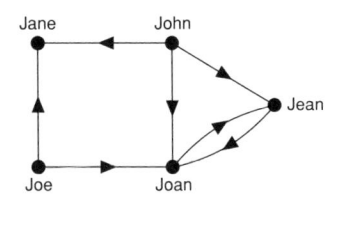

図 A1.6

2.3 (i) 図 A2.3 のように点にラベルづけできる.

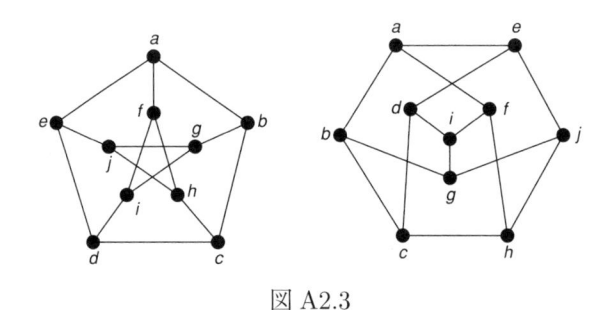

図 A2.3

(ii) 最初のグラフでは次数 2 の点が隣接していないが, 2 番目のグラフでは隣接している. 同形は点の隣接性を保存しなければならないので, 2 つのグラフは同形ではない.

2.6 (i) グラフ 12　　(ii) グラフ 27　　(iii) グラフ 30

2.7 グラフ 5: 次数列 $(1,1,1,3)$;　次数の合計 $= 6$　辺数 $= 3$;

グラフ 6: 次数列 $(1,1,2,2)$;　次数の合計 $= 6$　辺数 $= 3$;

グラフ 7: 次数列 $(1,2,2,3)$;　次数の合計 $= 8$　辺数 $= 4$;

グラフ 8: 次数列 $(2,2,2,2)$;　次数の合計 $= 8$　辺数 $= 4$;

グラフ 9: 次数列 $(2,2,3,3)$;　次数の合計 $= 10$　辺数 $= 5$;

グラフ 10: 次数列 $(3,3,3,3)$;　次数の合計 $= 12$　辺数 $= 6$;

演習問題の略解　217

各グラフとも次数の合計は辺数の2倍である.

2.10　5個と6個の点をもつ閉路

2.12
$$A = \begin{pmatrix} 0 & 1 & 0 & 0 & 1 \\ 1 & 0 & 1 & 0 & 1 \\ 0 & 1 & 0 & 2 & 0 \\ 0 & 0 & 2 & 0 & 1 \\ 1 & 1 & 0 & 1 & 0 \end{pmatrix}, \quad M = \begin{pmatrix} 1 & 1 & 0 & 0 & 0 & 0 & 0 \\ 0 & 1 & 1 & 0 & 1 & 0 & 0 \\ 0 & 0 & 0 & 0 & 1 & 1 & 1 \\ 0 & 0 & 0 & 1 & 0 & 1 & 1 \\ 1 & 0 & 1 & 1 & 0 & 0 & 0 \end{pmatrix}$$

3.1

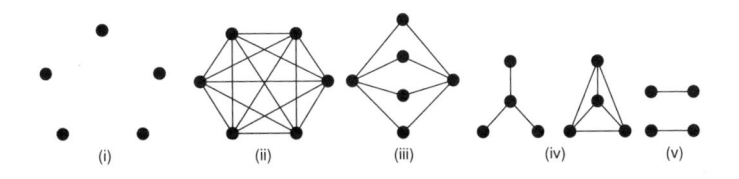

図 A3.1

3.2　(i) 45　(ii) 35　(iii) 32　(iv) 14　(v) 15

3.4　正則グラフ: 1,2,4,8,10,18,31

　　　二部グラフ: 2,3,5,6,8,11,12,13,17,23

3.6　図 A3.6 の8つのグラフである.

4.1　いくつかの解が考えられるが，それらは全て本書の解を修正したものである．図 A4.1 に一例をあげる．

4.2　答の会合を本書と同様に実線と点線を使って図 A4.2 に示す．

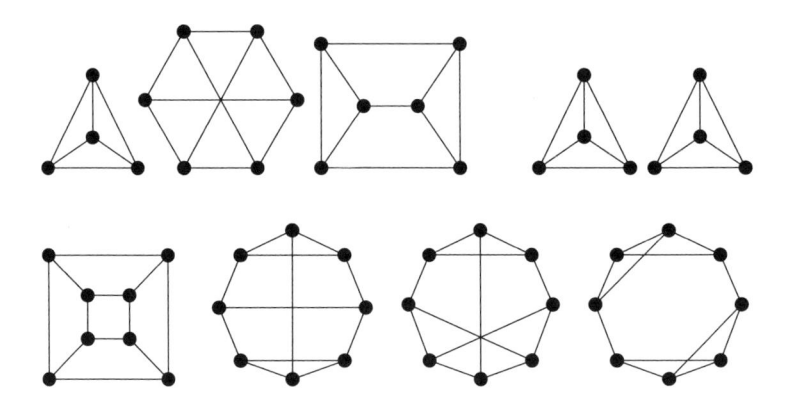

図 A3.6

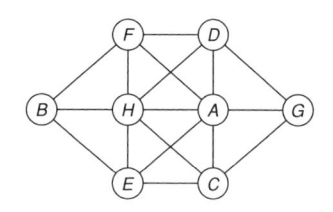

図 A4.1

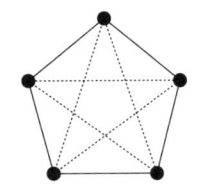

図 A4.2

4.3 本書で説明した方法を用いると図 A4.3.1 のグラフができる．

部分グラフ H_1, H_2 と対応する解を図 A4.3.2 に示す．

演習問題の略解   219

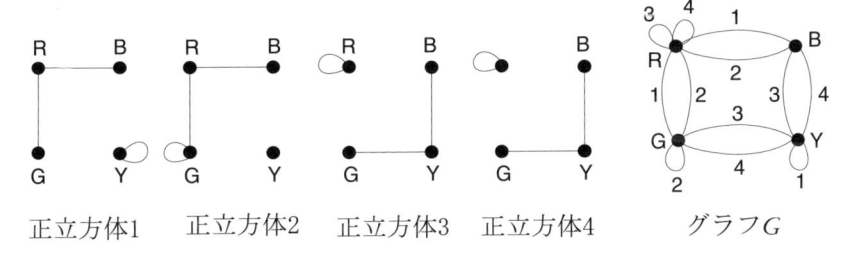

正立方体1   正立方体2   正立方体3   正立方体4   グラフG

図 A4.3.1

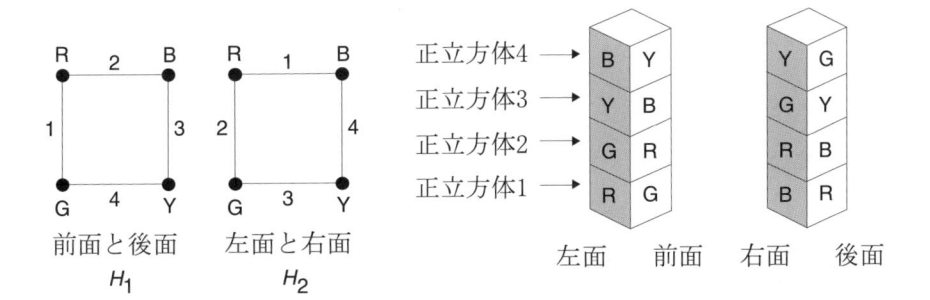

前面と後面
H_1

左面と右面
H_2

正立方体4
正立方体3
正立方体2
正立方体1

左面   前面   右面   後面

図 A4.3.2

第 3 章

5.1

(i) $a \to b \to c \to d \to e \to j$

(ii) $a \to b \to c \to d \to e \to j \to h \to f \to i \to g$

(iii) $a \to b \to c \to d \to e \to a$

$a \to b \to c \to d \to i \to f \to a$

$a \to b \to c \to d \to e \to j \to h \to f \to a$

$a \to b \to c \to d \to e \to j \to g \to i \to f \to a$

(iv) $\{ab, ae, af\}, \{ab, af, de, ej\}, \{ab, af, cd, di, ej\}$

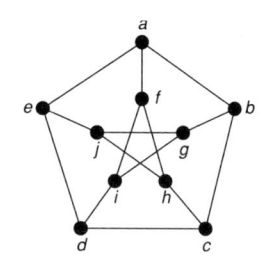

図 A5.1

5.2 (i) 3　(ii) 4　(iii) 8　(iv) 3　(v) 4　(vi) 5　(vii) 5

5.4 G は非連結であり，v と w を G の点としよう．v と w が G の異なる成分にあるとき，$\overline{G}$ におけるそれら 2 点は隣接している．v と w が G の同じ成分にあり，z が別の成分にあるとき，$v \to z \to w$ は $\overline{G}$ の道である．いずれの場合も任意の 2 点は $\overline{G}$ の道により連結しているので，$\overline{G}$ は連結である．

5.5 (i) $\kappa = \lambda = 2$　(ii) $\kappa = \lambda = 3$　(iii) $\kappa = \lambda = 4$　(iv) $\kappa = \lambda = 4$

6.1 (i) オイラー・グラフ　(ii) 半オイラー・グラフ　(iii) どちらでもない　(iv) オイラー・グラフ　(v) どちらでもない

6.2 オイラー・グラフ; 1,4,8,18,21,25,31
半オイラー・グラフ; 2,3,6,7,9,13,14,16,17,19,22,23,26,28,30

6.4 (i) 奇数次の点 k 個すべてを「使い切る」ために，$k/2$ 本以上の小道が必要である．G に奇数次の点を結ぶ $k/2$ 本の辺をつけ加えると，オイラー・グラフ G' が得られる．G' のオイラー小道を描き，加えた辺を除去すると，所望の $k/2$ 本の小道が得られる．
(ii) 4

6.5 いくつもの解が考えられる．例えば図 A6.5 で示された順序に辺をたどってみよ．

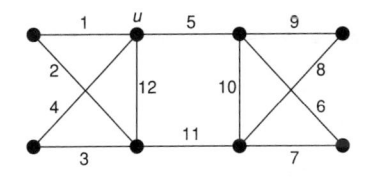

図 A6.5

7.1 (i) ハミルトン (ii) 半ハミルトン (iii) ハミルトン (iv) ハミルトン (v) ハミルトン

7.2 ハミルトン: 1,4,8,9,10,18,22,26,27,28,29,30,31
半ハミルトン: 2,3,6,7,13,15,16,17,19,20,21,23,24,25

7.6 n が偶数ならば $K_{(n/2)-1,(n/2)+1}$
n が奇数ならば $K_{(n-1)/2,(n+1)/2}$

8.1 永久ラベル $l(A) = 0, l(B) = 30, l(D) = 36, l(C) = 48, l(F) = 58, l(E) = 69, l(G) = 77$ が順次得られる.よって長さが 77 の最短路は $A \to B \to D \to C \to F \to E \to G$ である.

8.5 道 $B \to D \to E \to A \to C$ に沿った辺を 2 倍にすると重みの合計 24 の解が得られる.

8.6 求めるハミルトン閉路は $A \to B \to C \to E \to D \to A$ で,重みの合計は 14.

第4章

9.1 木であるのは 1,2,3,5,6,11,12,13

9.2 答は図 A9.2

9.4 答は図 A9.4

6点の木

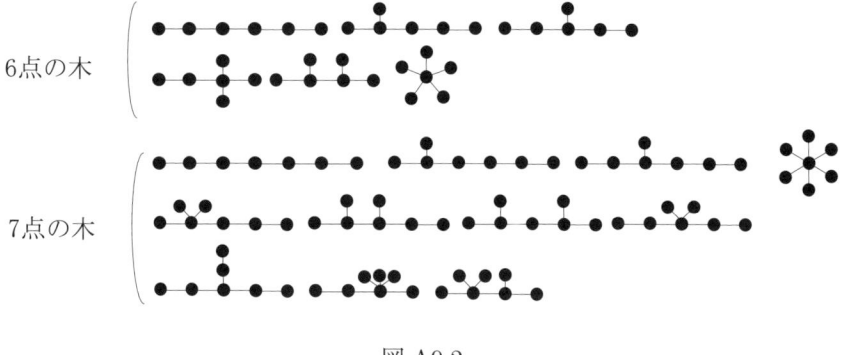

7点の木

図 A9.2

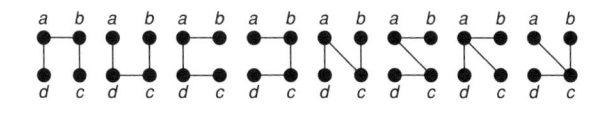

図 A9.4

9.6 閉路: $abcdea, abca, abcda, cdc$

カットセット: $\{ab, ac, ad, ae\}, \{ac, ad, ae, bc\}, \{ad, ae, cd, cd\}, \{ae, de\}$

9.8 (i) 橋　(ii) ループ

10.1 5点のラベルなし木は図 A10.1 に示すように3つある．

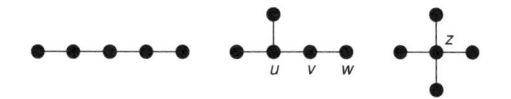

図 A10.1

最初の木は $(5!)/2 = 60$ 通りにラベルづけできる．2番目の木は，u, v, w のラベルづけが $5 \times 4 \times 3 = 60$ 通りあるので，60通りにラベルづけできる．3番目の木は，z のラベルづけが5通りあるので，5通りにラベ

ルづけできる．したがって総数は $60 + 60 + 5 = 125$ である．

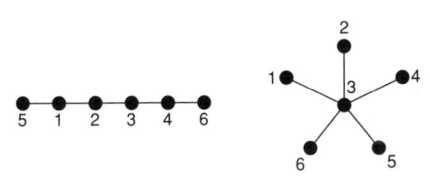

10.2
   (i)

図 A10.2

   (ii) $(4,4,4,1)$ と $(4,2,2,4)$

10.4 $K_{2,s}$ を図 A10.4 に示す．$K_{2,s}$ の各全域木は，各 i に対して，2 本の辺 uv_i と v_iw のうち 1 本と，余分にもう 1 本の辺を含む．よって全域木の本数は $2^s \cdot s/2 = s2^{s-1}$ である．

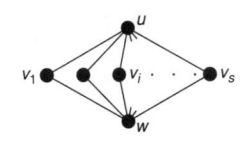

図 A10.4

11.1 図 A11.1 に示した，2 つの重みの合計が 13 の重みつき木のいずれかが得られる．

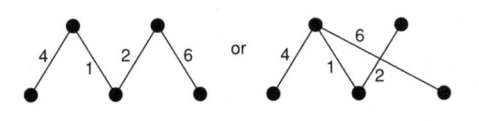

図 A11.1

11.5 点 $A: 15+(2+4)=21$　点 $B: 17+(2+3)=22$
　　 点 $D: 15+(3+4)=22$　点 $E: 12+(5+6)=23$

11.6 グラフは連結グラフであり，$n+(2n+1)+1+1=3n+3$ 個の点と，$\{4n+(2n+1)+2+1\}/2=3n+2$ 本の辺がある．よって定理 9.1(iii) より木である．

11.8 図 A11.8 のラベルつきグラフが求まる．ただしラベルは点を訪問した順序に対応する．

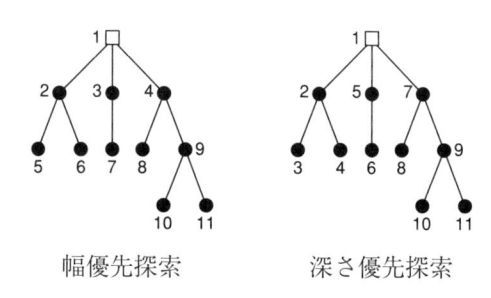

幅優先探索　　　　深さ優先探索

図 A11.8

11.10 基本閉路の方程式

$$VWZYXV : i_1+i_3-i_6+i_7=12 \quad VWZV : i_3+i_5+i_7=0$$
$$VWZYV : -i_2+i_3-i_6+i_7=0 \quad WZYW : -i_4-i_6+i_7=0$$

点の方程式

$$V : i_1+i_5=i_2+i_3; \quad W : i_3=i_4+i_7; \quad X : i_0=i_1;$$
$$Y : i_0+i_6=i_2+i_4; \quad Z : i_5=i_6+i_7$$

これら 8 個の方程式の解

$$i_0=i_1=8, i_2=4, i_3=i_4=2, i_5=i_6=-2, i_7=0$$

第 5 章

12.1

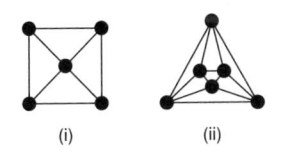

図 A12.1

12.3 $K_{3,3}$ は非平面的であるので,不可能.

12.4 完全グラフ K_n は,$n \leq 4$ ならば平面的である.

完全二部グラフ $K_{r,s}(r \leq s)$ は,$r = 1$ あるいは 2 ならば平面的である.図 A12.4 にその平面描画を示す.

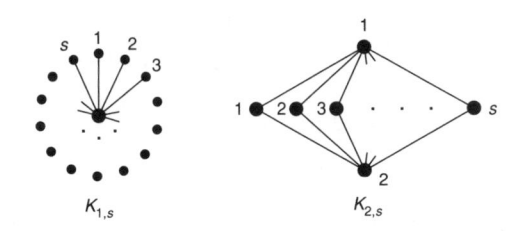

図 A12.4

12.7 (i) および (ii)

図 A12.7 のグラフは K_5 にも $K_{3,3}$ にも位相同形でないし,縮約可能でもないが,どちらも K_5 あるいは $K_{3,3}$ に位相同形あるいは縮約可能な部分グラフを含む.

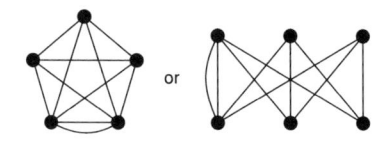

図 A12.7

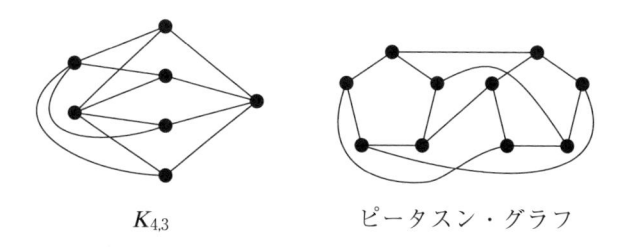

12.10

$K_{4,3}$　　　　ピータスン・グラフ

図 A12.10

　　図 A12.10 に交差数 2 の描画を示す．少し試してみれば，交差がちょうど 1 つである描画はありえないことがわかろう．

13.1 (i) $n=8, m=14, f=8$ であるので，$8-14+8=2$ である．
(ii) $n=6, m=12, f=8$ であるので，$6-12+8=2$ である．
(iii) $n=9, m=15, f=8$ であるので，$9-15+8=2$ である．
(iv) $n=9, m=14, f=7$ であるので，$9-14+7=2$ である．

13.3 (i) G の内周が 5 なので $5f \leq 2m$ である．これをオイラーの公式 $n-m+f=2$ と組み合わせれば所望の不等式が得られる．もしピータソン・グラフが平面的だとすると，この不等式から $15 \leq 40/3$ であることになってしまうが，これは成立しない．よってピータソン・グラフは非平面的である．

(ii) G の内周が r ならば $rf \leq 2m$ である．これをオイラーの公式と組み合わせれば不等式 $m \leq r(n-2)/(r-2)$ が得られる．

13.8 (i) ピータソン・グラフは非平面的なので厚さは 2 以上である．しかしピータソン・グラフは，外側の五角形と「スポーク」からなる平面グラフと，内側の五角形からなる平面グラフの 2 つを重ね合わせることにより得られる．よってピータソン・グラフの厚さは 2 である．

(ii) Q_4 は系 13.4 の (ii) を適用すればわかるように平面的でなく，厚さは 2 以上である．しかも Q_4 は図 A13.8 の 2 つの平面的グラフを重ね合わせることにより得られる．よって Q_4 の厚さは 2 である．

図 A13.8

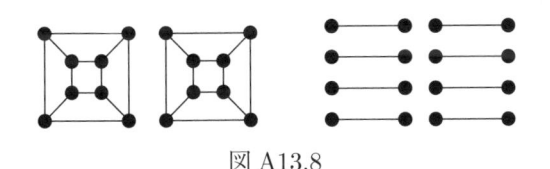

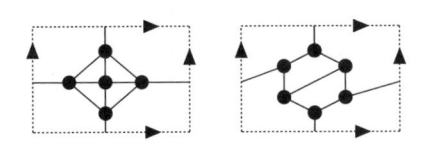

14.1

図 A14.1

14.3 (i) $g(K_7) = \lceil (7-3)(7-4)/12 \rceil = 1$
$g(K_{11}) = \lceil (11-3)(11-4)/12 \rceil = \lceil 56/12 \rceil = 5$

(ii) K_8, $g(K_8) = \lceil (8-3)(8-4)/12 \rceil = \lceil 20/12 \rceil = 2$

14.5 (i) 8 面体グラフ

(ii) 問題のグラフでは $4n = 2m = 3f$ である．定理 14.2 から，$m/2 - m + 2m/3 = 2 - 2g$ であり，$m = 12(1-g)$ となり，m が正でないことになってしまう．よって問題のようなグラフは存在し得ないことがわかる．

15.1

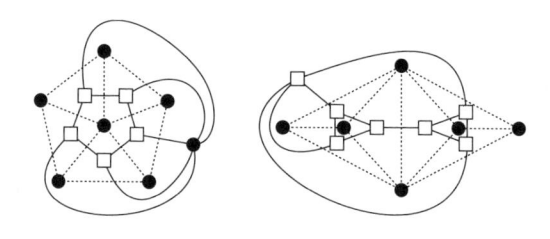

図 A15.1

$n^* = f = 6, m^* = m = 10, f^* = n = 6,$ $n^* = f = 7, m^* = m = 11, f^* = n = 6$

15.4 もし問題のようなグラフが存在するならば，その双対グラフは互いに隣接し合う5つの点をもつ平面グラフであることになってしまう．しかし K_5 は非平面的であるので，これは不可能である．

15.5

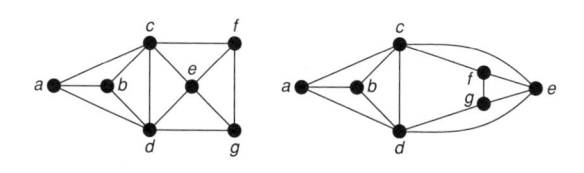

図 A15.5

図 A15.5 のラベルづけからわかるように，与えられた2つのグラフは同形である．これらの双対グラフの点の次数は，左側がすべて3か5であり，右側はすべて3か4であるので，これらの双対グラフは同形でない．

15.7 G は単純平面グラフであり，各点の次数が5あるいは6ならば，G に

は次数 5 の点が 12 個以上ある．更に，各面が三角形ならば，G には次数 5 の点がちょうど 12 個ある．

15.8 3 連結グラフ G には次数 1 あるいは 2 の点がない．よって G^* にはループや多重辺がない．

15.9 二部グラフ G の各閉路は偶数長であり，G^* の各カットセットの辺は偶数本である．特に G^* の各点は偶数次であるので，G^* はオイラー・グラフである．議論を逆にすると反対向きが示せる．

16.1 (i) 単位円上の無限個の点と原点を結んで得られる「無限星」
(ii) 点集合 $\{x : 0 \leq x \leq 1\}$ をもつ完全グラフ
(iii) 無限六角格子
(iv) 無限星または無限道
(v) 1 本の無限道を K_5 の 1 点に隣り合わせて得られるグラフ
(vi) 無限星あるいは無限道

16.2 演習 16.1 の (i) の無限星を考えよ．

第 6 章

17.1 2 と 4

17.3 2 彩色的: 2,3,5,6,8,11,12,13,17,23

3 彩色的: 4,7,9,14,15,16,18,19,20,21,22,25,26,27,29

4 彩色的: 10,24,28,30

17.5 (i) 上界: 3, 彩色数: 3
(ii) 上界: k, 彩色数: 2

17.7 c_i が $1 \leq i \leq \chi(G)$ なる i で彩色された点の個数ならば，$c_i \leq n - d$ である．よって $n = c_1 + \cdots + c_\chi \leq \chi(G)(n-d)$ であり $\chi(G) \geq n/(n-d)$ が証明される．

19.2 正四面体: 4　正八面体: 2　正立方体: 3　正二十面体: 3　正十二面体: 4

19.3 偶数個の点をもつ任意の閉路グラフ．例えば C_4．

19.5 国の個数による帰納法で証明する．6ヶ国以下の地図に対して成立することは自明である．G は n 個の国が載っている地図とし，$n-1$ 個の国が載っている地図はすべて 6-(面) 彩色可能と仮定する．オイラーの定理により，G には 5 本以下の辺に囲まれた国 F がある．F を一点に縮少すると，残りのグラフには国が $n-1$ 個しかないので，6-(面) 彩色可能である．F を囲む (5 個以下の) 面とは異なる色で F を彩色すれば，G の国の 6 彩色が得られる．よって G は 6-(面) 彩色可能である．

20.1 4 と 3

20.3 彩色指数 2: 3,6,8,13

彩色指数 3: 4,5,7,9,10,12,15,16,17,18,20,22,23

彩色指数 4: 11,14,19,21,24,25,26,27,28,29

20.4 (i) 下界 2,　上界 3,　真値 3
(ii) 下界 7,　上界 8,　真値 7
(iii) 下界 6,　上界 7,　真値 6

20.6 $r \geq s$ であると仮定し，$K_{r,s}$ を，図 A20.6 のように r 点を上に，s 点を下に描くとする．次に $\{1,2,\cdots,r\}, \{2,3,\cdots,r,1\}, \cdots, \{s,\cdots,r,1,\cdots,s-1\}$ の色を使って辺を彩色していけ．

20.7 G は次数 3 の正則グラフなので，$\chi'(G) \geq 3$ である．G の辺の 3 彩色を得るためには，ハミルトン閉路の辺を赤と青で交互に彩色していき，残った辺を緑で彩色する．

21.1 (i) $k(k-1)(k-2)(k-3)(k-4)(k-5)$
(ii) $k(k-1)^5$

K_6 は $7 \cdot 6 \cdot 5 \cdot 4 \cdot 3 \cdot 2 = 5040$ 通りに彩色できる．
$K_{1,5}$ は $7 \times 6^5 = 54\,432$ 通りに彩色できる．

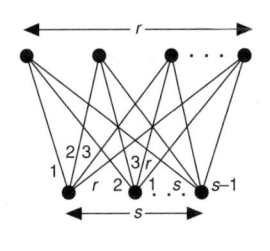

図 A20.6

21.3 (i)

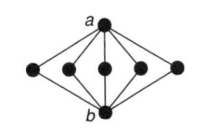

図 A21.3.1

点 a と b が同じ色の彩色は，$k(k-1)^5$ 通りあり，異なる彩色は $k(k-1)(k-2)^5$ 通りある．したがって彩色多項式は $P_G(k) = k(k-1)^5 + k(k-1)(k-2)^5$．

(ii) 定理 21.1 より

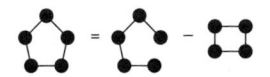

図 A21.3.2

$$= k(k-1)^4 - k(k-1)(k^2 - 3k + 3) = k(k-1)(k^3 - 4k^2 + 6k - 4)$$

21.7 (i) $k(k-1)^{n-1} = k^n - (n-1)k^{n-1} + \cdots + (-1)^{n-1}k$ であるので，G は n 個の点，$n-1$ 本の辺，1 つの成分をもつ．定理 9.1 の (iii) より G は n 個の点をもつ木であることがわかる．

(ii) $P_G(k) = k(k-1)^4$ であるので，G は 5 個の点をもつ木である．図 A21.7 に示す．

232　演習問題の略解

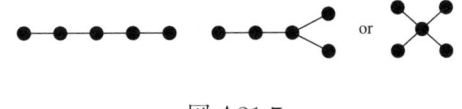

図 A21.7

第7章

22.1 最初と最後の有向グラフ

22.2 (i) D の基礎グラフは連結であるので，定理 5.2 により $n-1 \leq m$ であることがわかる．上界が成り立つのは，各 2 点が反対方向に向きづけされた弧によって結ばれている有向グラフだけである．

(ii) $n \leq m \leq n(n-1)$；上界は変わらない．閉路は強連結であるが，「有向木」は強連結ではないことから下界が求まる．

22.3

$$\begin{pmatrix} 0 & 1 & 0 & 0 \\ 0 & 1 & 2 & 0 \\ 1 & 1 & 0 & 0 \\ 1 & 1 & 0 & 1 \end{pmatrix} \quad \begin{pmatrix} 1 & 0 & 0 & 0 & 0 & 0 \\ 0 & 0 & 0 & 0 & 0 & 1 \\ 0 & 1 & 0 & 1 & 0 & 0 \\ 0 & 0 & 0 & 0 & 1 & 0 \\ 0 & 0 & 1 & 0 & 0 & 0 \\ 1 & 0 & 0 & 0 & 1 & 0 \end{pmatrix}$$

22.6 G 12,　E 10,　B 6

23.1

出次数の和 $= 1+3+2+1 =$ 弧の本数 $= 7$

入次数の和 $= 1+3+3+0 =$ 弧の本数 $= 7$

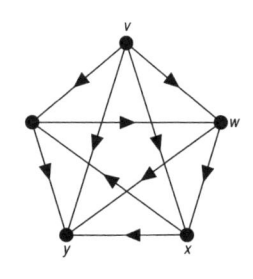

図 A23.1.1

出次数の和 $= 4+2+2+0+2 =$ 弧の本数 $= 10$

入次数の和 $= 0+2+2+4+2 =$ 弧の本数 $= 10$

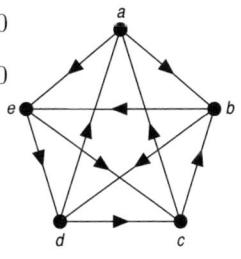

図 A23.1.2

23.2 (i) $aeda, edcbe, aecbda$
  (ii) $aedabdcbeca$
  (iii) $aecbda$

23.3 v と w の両方が入口ならば，vw と wv のどちらもトーナメントの弧でなければならないが，これはあり得ない．よってトーナメントに入口が2個以上あることはない．出口の証明も同様である．

24.1 (i)
$$\begin{pmatrix} 1 & 0 & 0 & 0 & 0 & 0 \\ \frac{1}{2} & \frac{1}{6} & \frac{1}{3} & 0 & 0 & 0 \\ 0 & \frac{1}{2} & \frac{1}{6} & \frac{1}{3} & 0 & 0 \\ 0 & 0 & \frac{1}{2} & \frac{1}{6} & \frac{1}{3} & 0 \\ 0 & 0 & 0 & \frac{1}{2} & \frac{1}{6} & \frac{1}{3} \\ 0 & 0 & 0 & 0 & 1 & 0 \end{pmatrix}$$

図 A24.1.1

E_1 は永続的．他はすべて過渡的状態．

(ii)
$$\begin{pmatrix} 0 & 1 & 0 & 0 & 0 & 0 \\ \frac{1}{2} & \frac{1}{6} & \frac{1}{3} & 0 & 0 & 0 \\ 0 & \frac{1}{2} & \frac{1}{6} & \frac{1}{3} & 0 & 0 \\ 0 & 0 & \frac{1}{2} & \frac{1}{6} & \frac{1}{3} & 0 \\ 0 & 0 & 0 & \frac{1}{2} & \frac{1}{6} & \frac{1}{3} \\ 0 & 0 & 0 & 0 & 1 & 0 \end{pmatrix}$$

図 A24.1.2

すべて過渡的状態．

24.2 (i) 円卓のまわりの 5 人に時計回りに番号をつけると，下の遷移行列と関連有向グラフが求まる．

$$\begin{pmatrix} \frac{1}{6} & \frac{1}{2} & 0 & 0 & \frac{1}{3} \\ \frac{1}{3} & \frac{1}{3} & \frac{1}{2} & 0 & 0 \\ 0 & \frac{1}{3} & \frac{1}{6} & \frac{1}{2} & 0 \\ 0 & 0 & \frac{1}{3} & \frac{1}{6} & \frac{1}{2} \\ \frac{1}{2} & 0 & 0 & \frac{1}{6} & \frac{1}{3} \end{pmatrix}$$

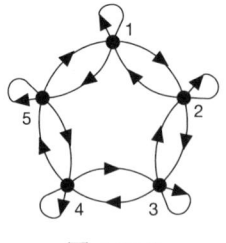

図 A24.2

(ii) 目の子で各状態が永続的であることがわかる．各 i に対して $p_{ii} \neq 0$ であるので，各状態は非周期的である．よって鎖はエルゴート的である．

第 8 章

25.1 (i)

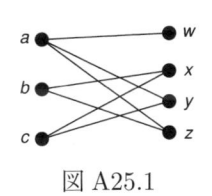

図 A25.1

(ii) $aw, bx, cy; aw, bz, cx; aw, bz, cy; ay, bz, cx : az, bx, cy$
(iii)

A	$\emptyset$	a	b	c	ab	ac	bc	abc
$\|A\|$	0	1	1	1	2	2	2	3
$\|\varphi(A)\|$	0	3	2	2	4	4	3	4

よって $\{a,b,c\}$ の各部分集合 A に対して $|A| \leq |\varphi(A)|$ である．

25.3 V_1 の 1 番目と 3 番目と 4 番目の点は V_2 の同じ 2 点としか結ばれていない．よって結婚条件は成り立っていない．

26.1 (i) 横断をもたない．部分横断は $\emptyset, 1, 2, 3, 4, 5, 12, 13, 14, 15, 23, 24, 25, 35, 123, 124, 125, 134, 135, 234, 235, 1234$ および 1235 である．
(ii) 横断をもつ．例えば $\{1, 2, 4, 5\}$．
(iii) 横断をもたない．部分横断は $\emptyset, 1, 2, 3, 12, 13, 23$ および 123 である．
(iv) 横断をもつ．例えば $\{1, 4, 2, 5\}$．

26.3 目の子で8つの横断があることがわかる．それぞれ単語 $MATROIDS$ の8文字からちょうど1文字除去する．例えば，M を除去したときは，順に文字 S, R, O, I, D, A, T を選ぶ．

26.4 1個だけ横断がある．すなわち $\{1, 2, \cdots, 50\}$

26.6 (i) $\mathcal{F}$ の集合を $S_1, \cdots, S_5$ とする．結婚条件は $\{S_3, S_4\}$ と $\{S_2, S_3, S_4\}$ に対して成り立たない．

(ii) それらの部分集合の任意の k 個の和集合には，$k = 1$ あるいは 2 ならば，元が1個以上あり，$k = 3$ ならば2個以上あり，$k = 4$ ならば4個以上あり，$k = 5$ ならば5個以上ある．よって，k の任意の値に対し元は $k - 1$ 個以上ある．しかも $t = 4, m = 5$ なので $k + t - m = k - 1$ である．

27.1
$$\begin{pmatrix} 1 & 2 & 3 & 4 & 5 & 6 & 7 & 8 \\ 2 & 5 & 8 & 3 & 6 & 1 & 4 & 7 \\ 3 & 6 & 1 & 5 & 2 & 7 & 8 & 4 \\ 4 & 7 & 6 & 8 & 1 & 3 & 5 & 2 \\ 5 & 8 & 2 & 7 & 3 & 4 & 1 & 6 \end{pmatrix}, \begin{pmatrix} 1 & 2 & 3 & 4 & 5 & 6 \\ 2 & 3 & 4 & 5 & 6 & 1 \\ 3 & 4 & 5 & 6 & 1 & 2 \\ 4 & 5 & 6 & 1 & 2 & 3 \\ 5 & 6 & 1 & 2 & 3 & 4 \\ 6 & 1 & 2 & 3 & 4 & 5 \end{pmatrix}$$

27.2
$$\begin{pmatrix} 1 & 2 & 3 & 4 & 5 \\ 5 & 3 & 1 & 2 & 4 \\ 2 & 1 & 4 & 5 & 3 \\ 3 & 4 & 5 & 1 & 2 \\ 4 & 5 & 2 & 3 & 1 \end{pmatrix}, \begin{pmatrix} 1 & 2 & 3 & 4 & 5 \\ 5 & 3 & 1 & 2 & 4 \\ 2 & 4 & 5 & 3 & 1 \\ 3 & 5 & 4 & 1 & 2 \\ 4 & 1 & 2 & 5 & 3 \end{pmatrix}$$

27.4 2つの行列の項別階数と μ は共に4に等しい．

27.6 (i) $\{a, b, d\}$

(ii) 次の1つのケースだけを調べてみると，

$|(\{a, b\} \cup \{c, d\}) \cap \{a, b, d\}| = |\{a, b, d\}| = 3$ しかも $3 \geq 2 + 1 - 3$

演習問題の略解　237

28.1 辺形: $k = 2$ ならばどちらのグラフに対しても定理は真である.
　　　点形: $k = 2$ ならばどちらのグラフに対しても定理は真である.

28.2 (i), (ii) とも確かめるのは簡単で, どちらの場合も, 任意の 2 点を結ぶ素な道がちょうど 3 本ある.

28.4 各グラフとも k の適切な値は 3.

29.1 　(i) カットは, $\{va, vb\}, \{va, ba, bd\}, \{va, ba, cd, dw\}, \{vb, ba, ac\},$
$\{vb, ba, cd, cw\}, \{ac, bd\}, \{ac, cd, dw\}, \{bd, cd, cw\}$ および $\{cw, dw\}$ である.
　　　最小カットは 1 つしかなく, $\{bd, cd, cw\}$ であり, その容量は 6 である.
　(ii) 値 6 の最大フローを図 A29.1 に示す.

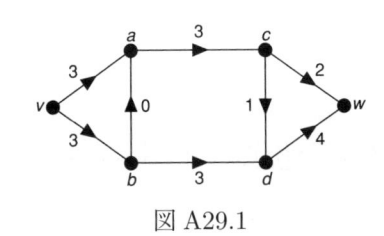

図 A29.1

29.3 　(i) 容量 7 のカットは $\{BD, EG, EH, AC\}$.
　(ii) 値 7 のフローを図 A29.3 に示す.

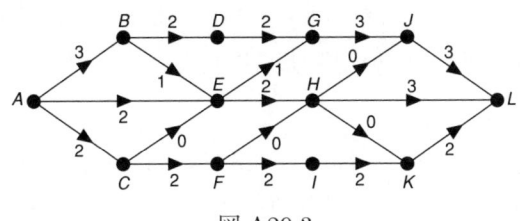

図 A29.3

238　演習問題の略解

29.5 (i) 新しい1つの入口 v^* をつけ加え，v^* と各入口 v_i を無限の容量をもつ弧 v^*v_i で結ぶ．また新しい出口 w^* をつけ加え，各出口 v_i と w^* を無限の容量をもつ弧 w_iw^* で結ぶ．

(ii)

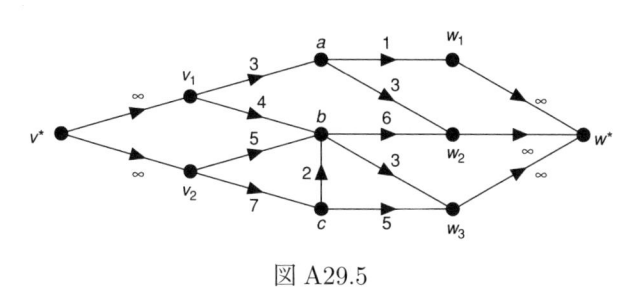

図 A29.5

第9章

30.1 (i) E の各部分集合は独立であり，閉路を含まない．また E の各部分集合 A に対して $r(A) = |A|$ である．よってこれは離散マトロイドである．

(ii) 空集合だけが独立集合である．閉路は $\{a\}, \{b\}, \{c\}, \{d\}, \{e\}$ であり，その階数関数は恒等的に 0 である．よってこれは自明マトロイドである．

(iii) 独立集合は E の 0 個あるいは 1, 2, 3 個の元を含む部分集合であり，閉路は 4 個の元を含む部分集合である．A が E の部分集合ならば，$r(A) = \min\{|A|, 3\}$ である．よってこれは 3-一様マトロイドである．

30.2 $M(G_1)$ の基は abd, acd および bcd であり，閉路は abc であり，独立集合は $\emptyset, a, b, c, d, ab, ac, ad, bc, bd, cd, abd, acd$ および bcd である．

$M(G_2)$ の基は $pqs, pqt, prt, pst, qrs, qrt, qst$ および prs であり，閉路は pqr, rst および $pqst$ であり，独立集合は $\emptyset, p, q, r, s, t, pq, pr, ps, pt, qr, qs, qt, rs, rt, st, pqs, pqt, prt, pst, qrs, qrt, qst$ および prs である．

30.4 (i) 部分横断は $\emptyset, 1, 2, 3, 4, 5, 6, 12, 13, 14, 15, 16, 23, 24, 25, 26, 34, 35,$
$36, 123, 124, 125, 126, 134, 135, 136, 234, 235$ および 236 である．これらの部分横断は，図 A30.4 のグラフ G に対するマトロイド $M(G)$ の独立集合である．

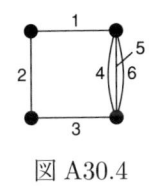

図 A30.4

(ii) 基は $123, 124, 125, 126, 134, 135, 136, 234, 235$ および 236 である．閉路は $1234, 1235, 1236, 45, 46$ および 56 である．

30.8 (i) 演習 5.11 とカットセットの定義より直ちにわかる．
(ii) グラフ G_1: a, b, c
グラフ G_2: $pr, ps, pt, qr, qs, qt, rs$ および rt

31.1 同形の範囲で，$\{a, b\}$ 上の 4 つのマトロイドを下に示す．

基	独立集合	閉路
$\emptyset$	$\emptyset$	a, b
a	$\emptyset, a$	b
a, b	$\emptyset, a, b$	ab
ab	$\emptyset, a, b, ab$	$-$

31.4 (i) 横断マトロイドである．演習 30.2 の表記を用いて $M(G_1) = M(ab, bc, d), M(G_2) = M(pq, qrs, st)$ である．
(ii) 横断マトロイドである．$M^*(G_1) = M(abc), M^*(G_2) = M(pqr, rst)$.

31.6 M が E 上の k-一様マトロイドならば，$M = M(\mathcal{F})$ が成り立つ．ただし $\mathcal{F}$ は E の k 個のコピーからなる．

240 演習問題の略解

31.8 Fano マトロイドの閉路は，$\{1,2,4\}$ のような線すべてと，$\{1,2,3,6\}$ のような線の補集合すべてである．

32.1 (i) E 上の離散マトロイドの基は E それ自身だけなので，その双対の基は $\emptyset$ だけである．よって，離散マトロイドの双対は E 上の自明マトロイドである．

(ii) n 個の元からなる同じ集合上の $(n-k)$-一様マトロイド．

32.4 $M(K_3)$ の基は ab, ac, bc なので，$(M(K_3))^*$ の基は a, b, c である．よって $M(K_3^*)$ は $(M(K_3))^*$ に同形である．

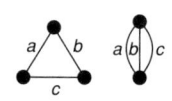

図 A32.4

32.5 (i) 補閉路は位数 7 のすべての部分集合，補基は位数 6 のすべての部分集合．

(ii) $M(G_1)$ の補閉路は ab, ac, bc, d, 補基は a, b, c.
$M(G_2)$ の補閉路は $pq, prs, prt, qrs, qrt, st$, 補基は $pr, ps, pt, qr, qs, qt, rs, rt$.

(iii) 補閉路は $1, 23$, 補基は $2, 3$.

(iv) 補閉路は $1236, 1257, 1467, 1345, 2347, 2456, 3567$, 補基は 1247 のように 1 本の線を含む 4 つの元からなるすべての部分集合．

33.1 $\{1,2\}$ の階数が 2 であり，$\{1,2,4,5\}$ の階数は 3 であることに気づけば十分である．$\mathcal{F}$ の独立横断は $\{1,2,5\}$ である．

33.5 $M = M(S_1, \cdots, S_m)$ が E 上の横断マトロイドであるならば，$M = M_1 \cup \ldots \cup M_m$ である．ただし M_k は E 上のマトロイドであり，その基は S_k の 1 つの元からなる部分集合である．逆に，$M_1, \cdots, M_m$ が階数 1 のマトロイドであるならば，その和 $M = M_1 \cup \ldots \cup M_m$ は集合

$S_1, \ldots, S_m$ 上の横断マトロイドである．ただし S_k は M_k のすべての独立集合の和である．

付　　録

　次頁の表には，いろいろな種類のグラフあるいは有向グラフの個数を列挙してある．ここで $n(n=1,\cdots,8)$ は点の個数である．100万以上の数は有効数字1桁で与えた．

付録 243

グラフの種類	$n=1$	2	3	4	5	6	7	8
単純グラフ	1	2	4	11	34	156	1044	12 346
連結単純グラフ	1	1	2	6	21	112	853	11 120
オイラー単純グラフ	1	0	1	1	4	8	37	184
ハミルトン単純グラフ	1	0	1	3	8	48	383	6020
木	1	1	1	2	3	6	11	23
ラベルつき木	1	1	3	16	125	1296	16 807	262 144
単純有向グラフ	1	3	16	218	9608	$\sim 2 \times 10^6$	$\sim 9 \times 10^8$	$\sim 2 \times 10^{12}$
連結単純有向グラフ	1	2	13	199	9364	$\sim 2 \times 10^6$	$\sim 9 \times 10^8$	$\sim 2 \times 10^{12}$
強連結単純有向グラフ	1	1	5	83	5048	$\sim 1 \times 10^6$	$\sim 7 \times 10^8$	$\sim 2 \times 10^{12}$
トーナメント	1	1	2	4	12	56	456	6880

文　献

本書もほとんど終わりに近づいたが，この分野の終わりに到達したわけでは決してない．読者の多くがグラフ理論的研究を継続されることを期待する．さらに読み進むのにふさわしい本を参考までにあげておく．

他の入門書

1. G. Chartrand, *Introductory Graph Theory*, Dover, 1985.
2. J. Clark and D. A. Holton, *A First Look at Graph Theory*, World Scientific Publishing, 1991.
3. F. Harary, R. Z. Norman and D. Cartwright, *Structural Models*, Wiley, 1965.
4. O. Ore, *Graphs and their Uses*, 2nd edn, New Mathematical Library 10, Mathematical Association of America, 1990.
5. R. J. Wilson and J. J. Watkins, *Graphs: An Introductory Approach*, Wiley, 1990.

グラフ理論の標準的テキスト

6. C. Berge, *Graphs*, North-Holland, 1985.
7. J. A. Bondy and U. S. R. Murty, *Graph Theory with Applications*, American Elsevier, 1979.
8. G. Chartrand and L. Lesniak *Graphs & Digraphs*, 2nd edn. Wadsworth & Brooks/Cole, 1986.
9. F. Harary, *Graph Theory*, Addison-Wesley, 1969.

10. O. Ore, *Theory of Graphs*, American Mathematical Society Colloquium Publications XXXVIII, 1962.

多くの原論文の翻訳を含むグラフ理論の歴史書

11. N. L. Biggs, E. K. Lloyd and R. J. Wilson, *Graph Theory 1736-1936*, 2nd edn, Oxford, 1986.

グラフ理論の応用とアルゴリズム

12. G. Chartrand and O. R. Oellermann, *Applied and Algorithmic Graph Theory*, McGraw-Hill, 1993.

13. N. Deo, *Graph Theory with Applications to Engineering and Computer Science*, Prentice-Hall, 1974.

14. A. K. Dolan and J. Aldous, *Networks and Algorithms: An Introductory Approach*, Wiley-Interscience, 1993.

15. S. Even, *Graph Algorithms*, Computer Science Press, 1979.

16. A. Gibbons, *Algorithmic Graph Theory*, Cambridge, 1985.

17. E. L. Lawler, *Combinatorial Optimization. Networks and Matroids*, Holt, Rinehart and Winston, 1976.

18. F. S. Roberts, *Discrete Mathematical Models, with Applications to Social, Biological and Environmental Problems*, Prentice-Hall, 1976.

19. M. N. Swamy and K. Thulasiraman, *Graphs, Networks and Algorithms*, Wiley, 1981.

20. A. Tucker, *Applied Combinatorics*, 2nd edn, Wiley, 1984.

21. R. J. Wilson and L. W. Beineke (eds.), *Applicatoins of Graph Theory*, Academic Press, 1979.

組合せと横断理論の入門書

22. I. Anderson, *A First Course in Cobminatorial Mathematics*, 2nd edn, Oxford, 1989.

23. N. Biggs, *Discrete Mathematics*, 2nd edn, Oxford, 1993.

24. V. Bryant, *Aspects of Combinatorics*, Cambridge, 1993.

25. V. Bryant and H. Perfect, *Independence Theory in Cobminatorics*, Chapman and Hall, 1980.

26. J. H. van Lint and R. M. Wilson, *A Course in Cobminatorics*, Cambridge, 1992.

本書でとりあげた問題の専門書

27. L. W. Beineke and R. J. Wilson (eds.), *Selected Topics in Graph Theory 1, 2, 3*, Academic Press, 1978, 1983, 1987.

28. S. Fiorini and R. J. Wilson, *Edge-Colorings of Graphs*, Research Notes in Mathematics 16, Pitman Publishing, 1977.

29. J. L. Gross and T. W. Tucker, *Topological Graph Theory*, Wiley-Interscience, 1987.

30. F. Harary and E. M. Palmer, *Graphical Enumeration*, Academic Press, 1973.

31. T. R. Jensen and B. Toft, *Graph Coloring Problems*, Wiley-Interscience, 1995.

32. J. W. Moon, *Counting Labelled Trees*, Canadian Mathematical Congress, 1970.

33. J. W. Moon, *Topics on Tournaments*, Holt, Rinehart and Winston, 1968.

34. J. G. Oxley, *Matroid Theory*, Oxford, 1992.

35. G. Ringel, *Map Color Theorem*, Springer-Verlag, 1974.

36. T. L. Saaty and P. C. Kainen, *The Four-Color Problem*, 2nd edn, Dover, 1986.

37. D. J. A. Welsh, *Matroid Theory*, Academic Press, 1976.

遅かれ早かれ，本よりも数学雑誌を参照しなければならなくなるであろう．グラフ理論や関連分野の論文がよく出ている雑誌がたくさんある．例えば，*Journal of Graph Theory, Journal of Combinatorial Theory, European Journal of Combinatorics, Ars Combinatorica, Discrete Mathematics* がある．

記号一覧

A	隣接行列	n	点の個数
$A(D)$	D の弧族	N_n	空グラフ
B	M の基	$P_G(k)$	G の彩色多項式
C_n	閉路グラフ	P_n	道グラフ
$\mathrm{cr}(G)$	G の交差数	Q_k	k-立方体
D	有向グラフ	r	M の階数関数
$\deg(v)$	v の次数	r^*	M^* の階数関数
E	空でない有限集合	$t(G)$	G の厚さ
$E(G)$	G の辺集合	T	木
f	面の個数	u, v, w, z	G の点
F	Fano マトロイド	$v_0 \to \cdots \to v_m$	歩道
g	種数	$V(D)$	D の点集合
G	グラフ	$V(G)$	G の点集合
$\overline{G}$	G の補グラフ	W	G の閉路部分空間
G^*	G の双対	W^*	G のカットセット部分空間
$G(V_1, V_2)$	二部グラフ		
$G_1 \cup G_2$	グラフの和	W_n	車輪
I	M の独立集合	α, β, γ	色
k	成分の個数	$\gamma(G)$	G の閉路階数
K_n	完全グラフ	$\Gamma(G)$	G の自己同形群
$K_{r,s}$	完全二部グラフ	Δ	G の最大点次数

$\kappa(G)$	G の連結度	$\lambda(G)$	G の辺連結度
$K_{r,s,t}$	完全三部グラフ	$\xi(G)$	G のカットセット階数
$L(G)$	G の線グラフ		
m	辺の本数	$\chi(G)$	G の彩色数
M	マトロイド	$\chi'(G)$	G の彩色指数
M^*	双対マトロイド	$\mathcal{B}$	M の基の集合
$M \cdot A$	縮約マトロイド	$\mathcal{C}$	M の閉路の集合
$M \times A$	制約マトロイド	$\mathcal{F}$	部分集合族
$M(G)$	閉路マトロイド	$\mathcal{I}$	M の独立集合族
$M(S_1, \cdots, S_m)$	横断マトロイド		

和文索引

あ 行

握手補題 (handshaking lemma)　14
握手有向補題 (handshaking dilemma)　150
厚さ (thickness)　94
アルゴリズム (algorithm)　53
位相同形 (homeomorphic)　85
一般グラフ (general graph)　11
一方向無限歩道 (one-way infinite walk)　111
入口 (source)　150
永続的状態 (persistent state)　159
エルゴード状態 (ergodic state)　160
エルゴード連鎖 (ergodic chain)　160
オイラーの公式 (Euler's formula)　91
オイラー・グラフ (Eulerian graph)　4, 42, 112
オイラー小道 (Eulerian trail)　42, 112, 150
オイラーマトロイド (Eulerian matroid)　201
オイラー有向グラフ (Eulerian digraph)　150
横断 (transversal)　167
横断マトロイド (transversal matroid)　200
重み (weight)　54
重みつきグラフ (weighted graph)　54

か 行

階数 (rank)　171, 193
階数関数 (rank function)　193
外平面的 (outerplanar)　90
確率ベクトル (probability vector)　158
可算グラフ (countable graph)　110
カットセット (cutset)　38
カットセット階数 (cutset rank)　62
カットセット部分空間 (cutset subspace)　48
カットセットマトロイド (cutset matroid)　198
カットの容量 (capacity of a cut)　185
過渡的 (transient)　159
完全グラフ (complete graph)　22
完全三部グラフ (complete tripartite graph)　27
完全二部グラフ (complete bipartie graph)　24
完全マッチング (complete matching)　163
関連有向グラフ (associated digraph)　158
木 (tree)　4, 60
基 (base)　192
(幾何学的) 双対グラフ (geometric dual graph)　102
基礎グラフ (underlying graph)　143
既約 (irreducible)　155
既約連鎖 (irreducible chain)　159
吸収状態 (absorbing state)　159
急性精神病 (instant insanity)　30
共通横断 (common transversal)　174
行列木定理 (matrix tree theorem)　70
強連結 (strongly connected)　145

局所可算無限グラフ (locally countable infinite graph) 110
局所有限 (locally finite) 110
距離 (distance) 41
空グラフ (null graph) 21
グラフ (graph) 1, 11
グラフ的マトロイド (graphic matroid) 198
結婚条件 (marriage condition) 163
結婚問題 (marriage problem) 6, 162
弧 (arc) 143
交差数 (crossing number) 88
コグラフ的 (cographic) 199, 205
弧集合 (arc family) 143
5色定理 (five-colour theorem) 118
項別階数 (term rank) 173
小道 (trail) 35
孤立点 (isolated vertex) 14
根 (root) 79

さ 行

彩色関数 (chromatic function) 137
彩色指数 (chromatic index) 132
彩色数 (chromatic number) 115
彩色多項式 (chromatic polynomial) 139
最小カット (minimum cut) 185
最大フロー (maximum flow) 184
最大フロー最小カット定理 (max-flow min-cut theorem) 162, 185
最短路問題 (shortest path problem) 53
最長路 (longest path) 147
作業ネットワーク (activity network) 147
三角形 (triangle) 36
3次グラフ (cubic graph) 23
自己同形群 (automorhism group) 27
自己同形写像 (automorphism) 27
自己補対 (self-complementary) 27

次数 (degree) 1, 14, 110
次数列 (degree sequence) 14
始点 (initial vertex) 35
自明マトロイド (trivial matroid) 197
周期 t の周期的状態 (periodic of period t) 160
車輪 (wheel) 22
従属 (dependent) 193
終点 (final vertex) 35
縮約 (contraction) 200
縮約可能 (contractible) 86
種数 (genus) 98
出次数 (out-degree) 150, 183
巡回セールスマン問題 (travelling salesman problem) 53, 56
状態 (state) 158
推移的 (transitive) 155
酔歩 (random walk) 156
正則グラフ (regular graph) 23
正則マトロイド (regular matroid) 199
成分 (component) 13
制約 (restriction) 200
接続 (incident) 14, 144
接続行列 (incidence matrix) 17, 173
節点 (node) 10
零フロー (zero flow) 184
遷移確率 (transition probability) 157
遷移行列 (transition matrix) 157, 158
全域林 (spanning forest) 62
線グラフ (line graph) 27
双対マトロイド (dual matroid) 203

た 行

多重辺 (multiple edges) 3
多面体グラフ (polyhedral graph) 92
単純グラフ (simple graph) 3, 10, 20, 143
端点 (end-vertex) 14
地図 (map) 125

和文索引

中国の郵便配達員問題 (Chinese postman problem)　53, 55
抽象的双対 (abstract dual)　105
中心 (centre)　65
出口 (sink)　150
点 (vertex)　1, 10
点集合 (vertex set)　10, 11, 143
点素な道 (vertex-disjoint path)　177
点連結度 (vertex-connectivity)　39
同形 (isomorphic)　11, 143, 197
得点 (score)　156
得点列 (score sequence)　156
独立横断 (independent transversal)　210
独立集合 (independent set)　193
トーナメント (tournament)　151
トロイダルグラフ (toroidal graph)　98

な 行

内周 (girth)　40
長さ (歩道の)(length of a walk)　35
二方向無限歩道 (two-way infinite walk)　111
二値マトロイド (binary matroid)　199
二部グラフ (bipartite graph)　24
二部マトロイド (bipartite matroid)　201
入次数 (in-degree)　150, 183
任意周回可能 (randomly traceable)　47
ネットワーク (network)　183

は 行

橋 (bridge)　38
幅優先探索 (breadth first search)　79
ハミルトン・グラフ (Hamilton graph)　4, 48
ハミルトン閉路 (Hamiltonian cycle)　48

ハミルトン有向グラフ (Hamiltonian digraph)　151
林 (forest)　60
半オイラー・グラフ (semi-Eulerian graph)　42
半ハミルトン・グラフ (semi-Hamiltonian graph)　48
半ハミルトン有向グラフ (semi-Hamiltonian digraph)　151
非周期的状態 (aperiodic state)　160
非零フロー (non-zero flow)　184
ピータスン・グラフ (Petersen graph)　23
非飽和 (unsaturated)　184
表現可能 (representable)　199
非連結 (disconnected)　13
非連結化集合 (disconnecting set)　38
非連結グラフ (disconnected graph)　4
深さ優先探索 (depth first search)　79
部分横断 (partial transversal)　167
部分グラフ (subgraph)　14
プラトン・グラフ (Platonic graph)　23
フロー (flow)　184
　——の値 (value of flow)　184
フロー増加道 (flow-augmenting path)　187
分離集合 (separating set)　39
平面的グラフ (planar graph)　4, 83
平面的マトロイド (planar matroid)　199
平面描画 (plane drawing)　83
並列元 (parallel elements)　195
閉路 (cycle)　3, 35, 193, 196
閉路階数 (cycle rank)　62
閉路グラフ (cycle graph)　22
閉路部分空間 (circuit subpace)　47
閉路マトロイド (cycle matroid)　192, 197
ベクトルマトロイド (vector matroid)　192

辺 (edge)　1, 10, 11, 27, 110, 143
辺集合 (edge set)　10
辺素な道 (edge-disjoint path)　177
辺族 (edge family)　11
辺連結度 (edge-connectivity)　38
飽和 (saturated)　184
補階数 (corank)　205
補基 (cobase)　205
補グラフ (complement graph)　25
歩道 (walk)　3, 35, 111, 144
補独立集合 (co-independent set)　205
補閉路 (cocycle)　205

ま 行

マイナ (minor)　200
マトロイド (matroid)　192, 193
マルコフ連鎖 (Markov chain)　158
道 (path)　3, 35
道グラフ (path graph)　22
向きづけ可能 (orientable)　145
無限グラフ (infinite graph)　109
無限面 (infinite face)　91
結ぶ (join)　10, 11
面 (face)　90

や 行

有限部分集合 (finite subset)　171

有限歩道 (finite walk)　111
有向グラフ (directed graph, digraph)　3, 143
欲ばり法 (greedy algorithm)　73
容量 (capacity)　183
4色定理 (four-colour theorem)　6

ら 行

ラテン長方形 (latin rectangle)　172
ラテン方陣 (latin square)　172
離散マトロイド (discrete matroid)　197
臨界道 (critical path)　148
隣接 (adjacent)　14, 144
隣接行列 (adjacency matrix)　17, 144
ループ (loop)　3, 11
連結 (connected)　13, 36, 144
連結グラフ (connected graph)　4
連鎖 (linkage)　69

わ 行

和 (union)　13, 212

欧文索引

B
Brooks の定理 (――'s theorem)　117, 123

C
Cayley の定理 (――'s theorem)　66

D
Dirac の定理 (――'s theorem)　49

F
Fano マトロイド (matroid)　201
Fleury のアルゴリズム (――'s algorithm)　45

H
Hall の「結婚」定理 (――'s "marriage" theorem)　163

K
König の補題 (――'s lemma)　111
König-Eger-váry の定理 (König-Eger-váry theorem)　173
Königsberg の橋問題 (――'s bridge problem)　42
Kuratowski の定理 (――'s theorem)　85
k-一様マトロイド (k-uniform matroid)　197
k-彩色可能 (k-colourable)　115
k-(点) 彩色可能 (k-colourable(v))　126
k-彩色的 (k-chromatic)　115
k-辺彩色可能 (k-colourable(e))　132
k-辺連結 (k-edge connected)　39
k-(面) 彩色可能 (k-colourable(f))　126
k-立方体 (k-cube)　24
k-臨界的 (k-critical)　122
k-連結 (k-connected)　39

M
Menger の定理 (――'s theorem)　178

P
PERT(Programme Evaluation and Review Technique)　147

R
Rado の定理 (――'s theorem)　210

T
T に関連した基本閉路集合 (fundamental set of cycles associated with T)　63
Turán の極値定理 (――'s extremal theorem)　41

V
Vizing の定理 (――'s theorem)　132
vw-非連結化集合 (vw-disconnecting set)　177
vw-分離集合 (vw-separating set)　177

W
Whitney 双対 (――dual)　109

訳者略歴

西 関 隆 夫（にしぜき たかお）

- 1969 年　東北大学工学部通信工学科卒業
- 1974 年　東北大学大学院修了　工学博士
- 2010 年　東北大学名誉教授
- 2022 年　逝去

著書・訳書

- グラフとダイグラフの理論（共立出版，共訳，1981）
- グラフ理論入門（培風館，共訳，1983）
- Planar Graphs: Theory and Algorithms（North-Holland，共著，1988）
- 離散数学（朝倉書店，共著，1989）
- Planar Graph Drawing（World Science，共著，2004）

西 関 裕 子（にしぜき ゆうこ）

- 1983 年　国際基督教大学教養学部卒業

グラフ理論入門（原書第4版）

Ⓒ 2001 by Takao Nishizeki & Yuko Nishizeki
Printed in Japan

2001 年 11 月 10 日　初　版　発　行
2025 年 2 月 28 日　初版第 21 刷発行

原著者	R. J. ウィルソン
翻訳者	西 関 隆 夫
	西 関 裕 子
発行者	大 塚 浩 昭
発行所	株式会社 近代科学社

〒101-0051　東京都千代田区神田神保町 1-105
お問合せ先：reader@kindaikagaku.co.jp
https://www.kindaikagaku.co.jp/

大日本法令印刷　　ISBN978-4-7649-0296-1

定価はカバーに表示してあります。